运载火箭设计

郭祖华　编著

北京航空航天大学出版社

内容简介

本书介绍运载火箭的总体设计技术，从运载火箭的基本飞行原理出发，详细介绍与总体设计相关的若干概念，继而引出相应的设计方法。首先从设计的角度来介绍运载火箭的运动方程和被动段的飞行轨迹特征；然后介绍航程的计算，飞行程序的设计方法，运载火箭设计的原理，包括运载火箭质量分析、速度分析的具体方法和运载火箭参数选择的方法等内容；最后讨论了多级运载火箭的设计方法。本书的特色是设计原理和设计方法并重，书中的关键算法在相关章的后面以附录的形式给出，以便读者学习实践。本书涉及的内容同样适用于弹道导弹的设计。

本书适合运载火箭相关专业的研究生或高年级本科生使用，也可以供一线工程技术人员参考。

图书在版编目(CIP)数据

运载火箭设计 / 郭祖华编著. -- 北京 ：北京航空航天大学出版社，2021.9

ISBN 978-7-5124-3604-6

Ⅰ. ①运… Ⅱ. ①郭… Ⅲ. ①运载火箭—设计 Ⅳ. ①V475.1

中国版本图书馆 CIP 数据核字(2021)第 191877 号

运载火箭设计

郭祖华　编著

策划编辑　蔡　喆　　责任编辑　刘晓明

*

北京航空航天大学出版社出版发行

北京市海淀区学院路 37 号(邮编 100191)　http://www.buaapress.com.cn

发行部电话：(010)82317024　传真：(010)82328026

读者信箱：goodtextbook@126.com　邮购电话：(010)82316936

涿州市新华印刷有限公司印装　各地书店经销

*

开本：787×1 092　1/16　印张：11.5　字数：294 千字

2021 年 10 月第 1 版　2024 年 6 月第 2 次印刷　印数：2 001～3 000 册

ISBN 978-7-5124-3604-6　定价：39.00 元

前　言

运载火箭是飞行器中重要的一类。随着国民经济的发展，航天事业取得了前所未有的进步，空间探索和开发任务日渐增多，人们的日常生活与航天领域的技术及成就的关系越来越密切，高性能、低成本运载火箭的需求也正不断增加。近年来，民营资本也有进入运载火箭的研制与发射领域的趋势，社会需要更多的运载火箭研发人才。目前针对本科生的教学以设计实践为主，对设计原理的讨论较少，设计原理方面的探讨放在了研究生教育阶段，而深刻理解设计原理，是火箭设计领域创新的基础和总体设计方面创新人才培养的关键。这是本教材得以成书的原始动机。

设计是一种创造性的工作，同时，工程中的各种设计又必然依据一定的科学原理，所以明白基本原理是设计人员进行设计创新的基础。运载火箭的设计是一项需要综合多种学科知识的复杂任务，它不仅和火箭的结构设计有关，而且和火箭的飞行性能、推进、控制与制导等密切相关，设计时必须兼顾各个领域的需求，即使在总体设计的起初阶段，设计人员至少也要关注火箭的飞行性能和部分结构特性才能得到合理的设计方案；另外，运载火箭的设计计算复杂，多个环节需要迭代计算才能得到较精确的结果，这和简单套用公式就能完成设计计算的设计模式有很大的不同。所幸，现在的计算机技术十分发达，读者有条件将这些计算过程软件化，所以本书中尽可能详细地提供了一些算法，并在课后练习中要求学生编写计算程序，以利于学生学习和实践，希望对于培养学生实践能力和养成利用计算机解决复杂设计计算问题的习惯有所帮助。

在运载火箭设计过程中，质量分析是十分重要的内容之一，它给出了火箭质量和设计参数的关系；同时它也是一个难点，因为质量分析方程中引入的参数很难获得，这给以往的教学实践工作带来了困难。本书中不仅给出了这些参数的相应经验公式，而且讨论了这些参数的含义和统计方法，为经验公式的更新提供了思路。火箭设计过程中，速度分析是另外一个重点，火箭所能达到的关机速度除了与设计参数相关外，还取决于火箭的气动参数和飞行程序。为便于学习、实践，书中提供了气动参数和飞行程序的参考。另外，关于计算所需的大气模型等，书中也提供了详细的介绍和程序。总之，全书为设计分析提供了全面而详细的信息，以便学习、实践整套设计方法。探空火箭是一类最简单的火箭，它在某些领域仍然具有实用价值，从教学的观点看，它是一种便于教学实践的极佳的案例，所以在速度分析一章中，作者专门拿出一节来讨论探空火箭参数设计的原理，可以作为设计实践者的入门参考。

本书是作者多年来在运载火箭相关专业教学实践的基础上，参考多种相关材料整理汇集而成的。为保证原理正确，作者将所有的公式推导过程都呈现给了读者，并亲身编程实践，验证了其正确性，所以也鼓励有志于此的读者编程实践书中的计算算法；另外，书中内容也经过了教学实践的检验。本书内容兼顾系统性、原理性和实践性，力求知识点全面、原理阐述详细、分析充分、实例丰富，实现从抽象到具体，从原理到实践的有机结合，以期望改善运载火箭系统分析与设计课程教学内容抽象和学习门槛高的状态。本书适合于运载火箭相关专业的研究生或高年级本科生使用，也可以供一线工程技术人员参考。

限于作者的水平且时间仓促，书中疏漏和错误在所难免，敬请广大读者批评指正，不吝赐教。

作　者

2021 年 7 月

目　　录

第 1 章　运载火箭的运动方程

无论是运载火箭的控制和制导还是分析与设计，火箭的运动方程都是基础，但不同应用场合对运载火箭运动方程的要求是不同的。在运载火箭或弹道导弹的弹道仿真中，运动方程的形式越精确越好，而用于控制时则要将运动方程做一系列的简化，以适应控制分析的需要和控制算法的实现。从设计的角度看，许多关键的设计原理公式都来自运动方程，但此时的运动方程只需要包含与总体设计相关的若干关键因素；换句话说，在建立运动方程时仅仅抓住主要矛盾就可以了。这样做的原因一方面是可以简化设计公式的推导，方便得出一组精度足够的设计公式；另一方面，设计之初既不可能获得运载火箭的精确的运动模型，也没有必要建立这样一套精确的模型。下面将详细介绍适合设计的运动方程的建立，这将作为后面一系列公式推导的基础。

1.1　动力段平面运动方程

1.1.1　轨迹坐标系中的运动方程

运载火箭飞行时的受力示意图如图 1－1 所示，其中 xOy 坐标系为惯性参考系，箭体坐标系的 x 轴方向用 x_1 表示，轨迹坐标系 x_vOy_v 的 x_v 轴方向与速度 v 方向重合，其余各轴省略。只考虑刚体模型在平面中的运动，在轨迹坐标系中建立切向运动方程和法向运动方程：

$$m\frac{\mathrm{d}v}{\mathrm{d}t}=(P-D_b)\cos\alpha-(L_b+L_c)\sin\alpha-G_x\cos\theta-G_y\sin\theta \tag{1-1}$$

$$mv\frac{\mathrm{d}\theta}{\mathrm{d}t}=(P-D_b)\sin\alpha+(L_b+L_c)\cos\alpha+G_x\sin\theta-G_y\cos\theta \tag{1-2}$$

其中，P 为推力，L_c 为控制力分量，D_b 为箭体坐标系中的气动阻力，L_b 为箭体坐标系中的气动升力，G_x、G_y 为重力在惯性参考系中的分量，α 为攻角，θ 为弹道倾角。

建立垂直于运动平面的绕质心的俯仰运动方程：

$$\frac{\mathrm{d}(J\dot{\varphi})}{\mathrm{d}t}=M_c+M_a+M_d \tag{1-3}$$

其中，J 是火箭的转动惯量，M_c 是控制力矩，M_a 气动力矩，M_d 是气动阻力矩，φ 是俯仰角。

在惯性参考系中的飞行轨迹可以用以下方程表示：

$$\frac{\mathrm{d}x}{\mathrm{d}t}=v\cos\theta \tag{1-4}$$

$$\frac{\mathrm{d}y}{\mathrm{d}t}=v\sin\theta \tag{1-5}$$

其中，v 是由式(1－1)计算的火箭质心速度。

式(1－1)和式(1－2)中的重力分量表示为

$$G_x=mg\sin\eta \tag{1-6}$$

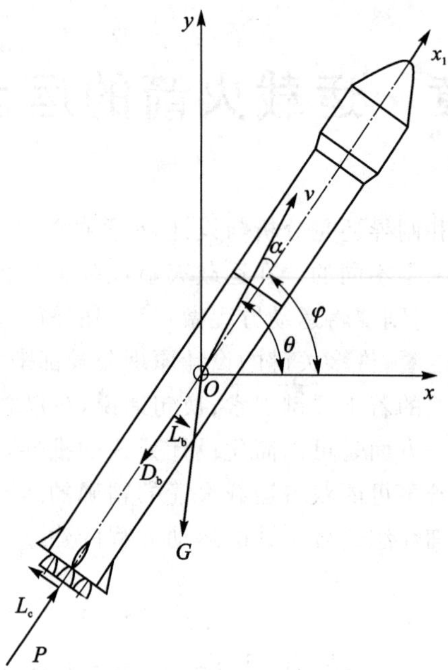

图 1-1　运载火箭飞行时的受力示意图

$$G_y = mg\cos\eta \tag{1-7}$$

其中，η 是运载火箭当前位置相对于地心的矢量与发射点相对于地心的矢量之间的夹角，也就是运载火箭飞行时，运载火箭质心所扫过的地心角。该角度用下式计算：

$$\tan\eta = \frac{x}{R_0 + y} \tag{1-8}$$

运载火箭的质量随时间变化，用公式表示为

$$m = m_0 - \int_0^t \dot{m}(t)\mathrm{d}t \tag{1-9}$$

假定运载火箭在单位时间内的质量变化量为常数，则质量可以表示为

$$m = m_0 - q_m t \tag{1-10}$$

其中，m_0 为运载火箭的初始质量，q_m 为推进剂秒消耗量。

重力加速度也会随运载火箭的飞行高度发生变化，即

$$g = g_0\frac{R_0^2}{r^2} = g_0\frac{R_0^2}{(R_0 + h)^2} \tag{1-11}$$

其中，R_0 为地球平均半径，r 为运载火箭质心离地心的距离，h 为运载火箭质心离地面的高度。通常，关机点的高度 h 在 100～250 km。

推力 P 受运载火箭飞行高度的影响，当高度增加时，大气压力发生变化，运载火箭推力相对地面推力有所增强，进入真空时达到最大，运载火箭推力可以表示为

$$P = P_v - S_a p = P_0 + S_a(p_0 - p) \tag{1-12}$$

其中，P_v 为发动机在真空中的推力；P_0 为发动机在地面的推力；S_a 为发动机尾喷管的喷口面积；p_0 为地面大气压强；p 为运载火箭所在高度的大气压强，是高度的函数，可以由 USSA76 大气模型确定。由于地面推力可以由实验测定，所以一般采用下式表示推力：

$$P = P_0 + S_a p_0 \left(1 - \frac{p}{p_0}\right) \tag{1-13}$$

控制力 L_c 是运载火箭推力的一个分量

$$L_c = P\sin\delta_\varphi \tag{1-14}$$

其中，δ_φ 是运载火箭俯仰通道的等效偏摆角，它和真实偏摆角的关系取决于具体的偏舵机构，δ_φ 的变化规律则由姿态控制率计算得到。

运载火箭的气动阻力和气动升力由运载火箭的气动外形确定，式(1-1)和式(1-2)中的气动升力和气动阻力是定义在箭体坐标系中的。在给出其计算公式前，首先讨论运载火箭在速度坐标系中的气动阻力和气动升力。在速度坐标系中，运载火箭的气动阻力 D 表示为

$$D = C_D \cdot \frac{1}{2}\rho v^2 S \tag{1-15}$$

$$S = \frac{\pi d^2}{4} \tag{1-16}$$

其中，C_D 是运载火箭的气动阻力系数；ρ 是运载火箭当前位置的大气密度；v 是运载火箭当前的飞行速度；S 是运载火箭的特征面积，一般取运载火箭的最大横截面积；d 是箭体最大直径。一般情况下，运载火箭气动阻力系数的范围为

$$C_D \leqslant 2 \tag{1-17}$$

下式给出了美国 TITAN II 运载火箭的气动阻力系数参考值

$$C_D = \begin{cases} 0.29, & 0 \leqslant Ma < 0.8 \\ Ma - 0.51, & 0.8 \leqslant Ma < 1.068 \\ 0.091 + \dfrac{0.5}{Ma}, & Ma \geqslant 1.068 \end{cases} \tag{1-18}$$

总体设计初期没有运载火箭具体气动数据时，可以参考式(1-18)中的参数。

与之类似，在速度坐标系下，运载火箭的气动升力 L 表示为

$$L = C_L \frac{1}{2}\rho v^2 S = C_L^\alpha \alpha \frac{1}{2}\rho v^2 S \tag{1-19}$$

其中，C_L 为升力系数，C_L^α 为升力系数对攻角的导数，α 为攻角。在做初步设计时，运载火箭的升力系数对攻角的导数同样可以参考美国 TITAN II 运载火箭的数据，具体公式如下：

$$C_L^\alpha = \begin{cases} 2.8, & 0 \leqslant Ma < 0.25 \\ 2.8 + 0.447(Ma - 0.25), & 0.25 \leqslant Ma < 1.1 \\ 3.18 - 0.660(Ma - 1.1), & 1.1 \leqslant Ma < 1.6 \\ 2.85 + 0.350(Ma - 1.6), & 1.6 \leqslant Ma < 3.6 \\ 3.55, & Ma \geqslant 3.6 \end{cases} \tag{1-20}$$

下面来讨论在箭体坐标系下的气动阻力 D_b 和气动升力 L_b。由速度坐标系和箭体坐标系之间的关系易知

$$D_b = D\cos\alpha - L\sin\alpha \tag{1-21}$$

$$L_b = D\sin\alpha + L\cos\alpha \tag{1-22}$$

令

$$D_b = C_{Db} \frac{1}{2}\rho v^2 S \tag{1-23}$$

$$L_b = C_{Lb}^{\alpha}\alpha\frac{1}{2}\rho v^2 S \tag{1-24}$$

其中，C_{Db} 是箭体坐标系中的阻力系数，C_{Lb}^{α} 是箭体坐标系中的升力系数，于是得到

$$C_{Db} = C_D\cos\alpha - C_L^{\alpha}\alpha\sin\alpha \tag{1-25}$$

$$C_{Lb} = C_D\sin\alpha + C_L^{\alpha}\alpha\cos\alpha \tag{1-26}$$

在运载火箭飞行过程中，其攻角 α 很小，所以可以近似认为

$$\begin{cases}\sin\alpha \sim \alpha \\ \cos\alpha \approx 1\end{cases}$$

于是，得到箭体坐标系中的阻力系数和升力系数分别为

$$C_{Db} \approx C_D \tag{1-27}$$

$$C_{Lb} \approx C_D\alpha + C_L^{\alpha}\alpha = C_{Lb}^{\alpha}\alpha \tag{1-28}$$

其中，C_{Lb}^{α} 是箭体坐标系中升力系数对攻角的导数。

在总体设计阶段，运载火箭姿态相关的信息还不知道，所以运动模型式(1-1)～式(1-5)仍然显得复杂。为方便设计分析，暂不考虑俯仰角和攻角的变化，假定弹道倾角已知，于是简化得到

$$\left.\begin{aligned}&\frac{\mathrm{d}v}{\mathrm{d}t} = \frac{P-D}{m} - g\sin(\theta+\eta)\\&\theta = f(t)\\&\frac{\mathrm{d}x}{\mathrm{d}t} = v\cos\theta\\&\frac{\mathrm{d}y}{\mathrm{d}t} = v\sin\theta\end{aligned}\right\} \tag{1-29}$$

当运载火箭扫过的地心角 η 不能忽略时，式(1-29)改变成如下形式：

$$\left.\begin{aligned}&\frac{\mathrm{d}v}{\mathrm{d}t} = \frac{P-D}{m} - g\sin\theta_H\\&\theta_H = f(t)\\&\frac{\mathrm{d}x}{\mathrm{d}t} = v\cos(\theta_H-\eta)\\&\frac{\mathrm{d}y}{\mathrm{d}t} = v\sin(\theta_H-\eta)\end{aligned}\right\} \tag{1-30}$$

其中，θ_H 是火箭轴与当地水平面之间的夹角，由飞行程序给定，事实上有时以 θ_H 来定义弹道倾角更加方便；η 的计算见式(1-8)。

当不考虑攻角时，也可以用极坐标形式来表示运载火箭在主动段的运动。火箭离地心的距离为

$$l = h + R_0 \tag{1-31}$$

所以可以将简化运动方程表示为

$$\left.\begin{aligned}&\frac{\mathrm{d}v}{\mathrm{d}t}=\frac{P-D}{m}-g\sin\theta_H\\&\theta_H=f(t)\\&\frac{\mathrm{d}h}{\mathrm{d}t}=\frac{\mathrm{d}l}{\mathrm{d}t}=v\sin\theta_H\\&\frac{\mathrm{d}\eta}{\mathrm{d}t}=\frac{v}{l}\cos\theta_H\end{aligned}\right\}\tag{1-32}$$

当运载火箭扫过的地心角 η 很小时，也可以忽略它。假定弹道倾角已知，于是将式(1-29)进一步简化，得到运载火箭质心运动方程为

$$\left.\begin{aligned}&\frac{\mathrm{d}v}{\mathrm{d}t}=\frac{P-D}{m}-g\sin\theta\\&\theta=f(t)\\&\frac{\mathrm{d}x}{\mathrm{d}t}=v\cos\theta\\&\frac{\mathrm{d}y}{\mathrm{d}t}=v\sin\theta\end{aligned}\right\}\tag{1-33}$$

其中，$\theta=f(t)$ 是运载火箭的飞行程序，由设计任务初步确定；对于探空运载火箭，始终是 90°。运载火箭的飞行程序将在后面的章节详细介绍。

1.1.2　惯性坐标系中的运动方程

当初步方案确定后，一般需要对设计参数进行核验计算。这个时候可以选择采用基于惯性坐标系的运动模型进行计算。该模型包含的信息量较多，计算也相对准确。在发射参考惯性坐标系中，运载火箭的示意图如图 1-2 所示。运载火箭受推力、重力和气动力的作用，其中推力的方向是沿箭体轴，重力的方向是由火箭质心指向地球质心，气动力是在速度坐标系中描述的。将各个力分解到发射惯性参考系，在发射坐标系中建立运动方程如下：

$$\left.\begin{aligned}&\frac{\mathrm{d}v_x}{\mathrm{d}t}=\frac{P}{m}\cos\varphi-\frac{D}{m}\cos\theta-\frac{L}{m}\sin\theta-g\sin\eta\\&\frac{\mathrm{d}v_y}{\mathrm{d}t}=\frac{P}{m}\sin\varphi-\frac{D}{m}\sin\theta+\frac{L}{m}\cos\theta-g\cos\eta\\&\frac{\mathrm{d}x}{\mathrm{d}t}=v_x\\&\frac{\mathrm{d}y}{\mathrm{d}t}=v_y\end{aligned}\right\}\tag{1-34}$$

其中，η 为运载火箭质心相对发射点扫过的地心角，φ 为俯仰角，θ 为弹道倾角。

气动力按式(1-15)和式(1-19)计算；俯仰角按如下公式计算：

$$\varphi=\theta+\alpha(t)\tag{1-35}$$

$$\theta=f(t)\tag{1-36}$$

在这个模型中，飞行程序用俯仰角 φ 表示，包含两部分内容，即 θ 和 α，将在后面相应章节介绍。

如果在弹道仿真验算中考虑姿态变化，则需要在方程(1-34)中加上和姿态相关的两个

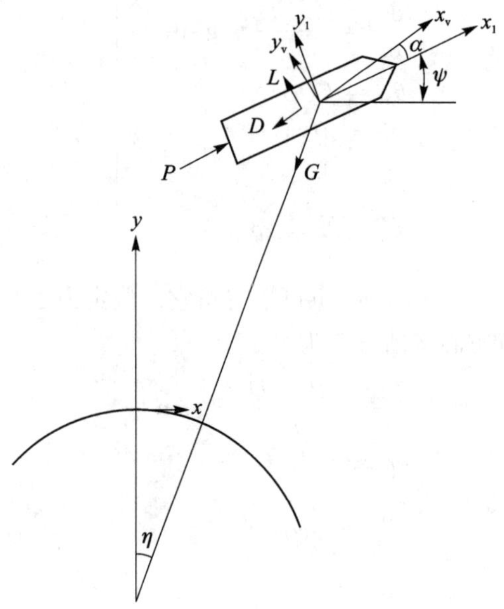

图 1-2　在发射参考系中建立运动方程的示意图

方程

$$\left.\begin{aligned}\frac{\mathrm{d}\dot{\varphi}}{\mathrm{d}t}&=-L_c(x_y-x_m)-(L\cos\alpha-D\sin\alpha)(x_p-x_m)\\\frac{\mathrm{d}\varphi}{\mathrm{d}t}&=\dot{\varphi}\end{aligned}\right\}\tag{1-37}$$

其中，L_c 为俯仰通道的控制力，用式(1-14)计算；x_y 为偏舵机构铰接点相对运载火箭箭端的位置，x_m 为运载火箭箭端到运载火箭质心的距离，x_p 为运载火箭压力中心到箭端的距离。设计阶段的初期，姿态控制方法没有确定，这个姿态方程在仿真中暂时不需使用。

1.2　弹道导弹被动段轨迹方程

1.2.1　轨迹方程的推导

弹道导弹的被动段运动轨迹是椭圆，这个运动阶段，导弹的机械能和动量矩均守恒。将弹头看作一个质点，在地球的引力场内，弹头离地心 r_k 处的引力势能为

$$V_k=\int_{\infty}^{r_k}F\,\mathrm{d}r=\int_{\infty}^{r_k}\frac{\mathrm{GM}m}{r^2}\mathrm{d}r=-\frac{\mathrm{GM}m}{r_k}\tag{1-38}$$

其中，r_k 是考察点 k 相对于地心的距离，GM 为地球常数，取为 3.986 005E14 $\mathrm{m^3/s^2}$。

弹头动能表示为

$$T_k=\frac{mv_k^2}{2}\tag{1-39}$$

其中，v_k 是运载火箭在考察点 k 处的速度。

所以弹头在被动段上某点 k 处的机械能为

$$E_k = T_k + V_k = \frac{mv_k^2}{2} - \frac{\mathrm{GM}m}{r_k} \tag{1-40}$$

在极坐标系中，弹头在轨迹上任一点的动能为

$$T = \frac{m(\dot{r}^2 + r^2\dot{\eta}^2)}{2} \tag{1-41}$$

其中，r 为弹头所在位置的极径，η 为弹头所在位置的极角。此时的引力势能为

$$V = -\frac{\mathrm{GM}m}{r} \tag{1-42}$$

由机械能守恒得到

$$\frac{\dot{r}^2 + r^2\dot{\eta}^2}{2} - \frac{\mathrm{GM}}{r} = \frac{v_k^2}{2} - \frac{\mathrm{GM}}{r_k}$$

令单位质量的机械能为 E_{U}，则由

$$E_{\mathrm{U}} = \frac{v_k^2}{2} - \frac{\mathrm{GM}}{r_k} \tag{1-43}$$

得到

$$\dot{r}^2 + r^2\dot{\eta}^2 - \frac{2\mathrm{GM}}{r} = 2E_{\mathrm{U}} \tag{1-44}$$

由动量矩守恒，有

$$J\omega = mr^2\dot{\eta} = \mathrm{const}$$

将上式简单记为

$$r^2\dot{\eta} = H \tag{1-45}$$

其中，H 为某个常数，根据开普勒第二定律，H 为 2 倍的面积速度。

现在来讨论表达式(1-44)的求解，将式(1-45)代入式(1-44)消去 $\dot{\eta}$ 得到

$$\dot{r} = \sqrt{2E_{\mathrm{U}} + \frac{2\mathrm{GM}}{r} - \frac{H^2}{r^2}} \tag{1-46}$$

又因为

$$\dot{r} = \frac{\mathrm{d}r}{\mathrm{d}t} = \frac{\mathrm{d}r}{\mathrm{d}\eta}\dot{\eta} \tag{1-47}$$

将式(1-45)代入式(1-47)消去 $\dot{\eta}$ 得到

$$\dot{r} = \frac{\mathrm{d}r}{\mathrm{d}\eta}\frac{H}{r^2} = -\frac{\mathrm{d}\left(\frac{H}{r}\right)}{\mathrm{d}\eta} \tag{1-48}$$

将式(1-46)和式(1-48)结合得到

$$\mathrm{d}\eta = \frac{-\mathrm{d}\left(\frac{H}{r}\right)}{\sqrt{2E_{\mathrm{U}} + \frac{2\mathrm{GM}}{r} - \frac{H^2}{r^2}}} = \frac{-\mathrm{d}\left(\frac{H}{r}\right)}{\sqrt{2E_{\mathrm{U}} + \frac{2\mathrm{GM}}{H}\frac{H}{r} - \frac{H^2}{r^2}}} \tag{1-49}$$

补充阅读：

因为

$$d(\arccos v)=\frac{-dv}{\sqrt{1-v}}$$

令

$$v=\frac{2x-b}{\sqrt{b^2+4a}}$$

代入上式得到

$$d\left(\arccos\frac{2x-b}{\sqrt{b^2+4a}}\right)=\frac{-dx}{\sqrt{a+bx-x^2}}$$

所以

$$\int\frac{-dx}{\sqrt{a+bx-x^2}}=\arccos\frac{2x-b}{\sqrt{b^2+4a}}+C$$

对式(1－49)两边积分，得到

$$\eta=\arccos\frac{\frac{H}{r}-\frac{GM}{H}}{\sqrt{\left(\frac{GM}{H}\right)^2+2E_U}}-\eta_0 \tag{1-50}$$

其中，η_0 为积分常数。假定在考察点 k 处，$\eta=0$，于是可以根据该边界条件给出 η_0 的公式如下：

$$\eta_0=\arccos\frac{\frac{H}{r_k}-\frac{GM}{H}}{\sqrt{\left(\frac{GM}{H}\right)^2+2E_U}} \tag{1-51}$$

将式(1－50)改写一下，得到

$$\eta+\eta_0=\arccos\frac{\frac{H}{r}-\frac{GM}{H}}{\sqrt{\left(\frac{GM}{H}\right)^2+2E_U}} \tag{1-52}$$

进一步得到轨道方程为

$$r=\frac{H^2/GM}{1+e\cos(\eta+\eta_0)} \tag{1-53}$$

其中

$$e=\sqrt{1+2E_U\left(\frac{H}{GM}\right)^2} \tag{1-54}$$

根据 k 点处状态量可以确定 H，即

$$H=r_k v_k\cos\theta_{Hk} \tag{1-55}$$

其中，θ_{Hk} 是 k 点处速度相对当地水平面的夹角；E_U 按式(1－43)求解。由式(1－53)及关机点参数 r_k、v_k、θ_{Hk}，就可以确定被动段的椭圆轨道方程。

1.2.2 轨迹方程的另一种形式

由式(1－54)和关机点处的运动状态量可以求出椭圆轨道方程的离心率。下面推导离心

率的另外一种表达形式，进而得到椭圆轨道方程的另外一种形式，这种形式在总体设计中使用更为方便。

在关机点 k 处，由万有引力定律和牛顿第二定律得到

$$F = ma = m\frac{v_{1k}^2}{r_k} = \frac{\mathrm{GM}m}{r_k^2}$$

于是得到在 k 点的第一宇宙速度为

$$v_{1k}^2 = \frac{\mathrm{GM}}{r_k} \tag{1-56}$$

由前面推导的公式(1-43)可知

$$2E_{\mathrm{U}}\left(\frac{H}{\mathrm{GM}}\right)^2 = 2\left(\frac{v_k^2}{2} - \frac{\mathrm{GM}}{r_k}\right)\frac{H^2}{(\mathrm{GM})^2}$$

进一步写成

$$2E_{\mathrm{U}}\left(\frac{H}{\mathrm{GM}}\right)^2 = \left(\frac{v_k^2}{\dfrac{\mathrm{GM}}{r_k}} - 2\right)\frac{1}{r_k}\frac{H^2}{\mathrm{GM}}$$

将式(1-55)代入上式右边，得到

$$2E_{\mathrm{U}}\left(\frac{H}{\mathrm{GM}}\right)^2 = \left(\frac{v_k^2}{\mathrm{GM}/r_k} - 2\right)\frac{1}{r_k}\frac{r_k^2 v_k^2 \cos^2\theta_{Hk}}{\mathrm{GM}}$$

整理得到

$$2E_{\mathrm{U}}\left(\frac{H}{\mathrm{GM}}\right)^2 = \left(\frac{v_k^2}{\dfrac{\mathrm{GM}}{r_k}} - 2\right)\frac{v_k^2}{\mathrm{GM}/r_k}\cos^2\theta_{Hk}$$

将式(1-56)代入上式得到

$$2E_{\mathrm{U}}\left(\frac{H}{\mathrm{GM}}\right)^2 = \left(\frac{v_k^2}{v_{1k}^2} - 2\right)\frac{v_k^2}{v_{1k}^2}\cos^2\theta_{Hk} \tag{1-57}$$

令

$$\nu = \frac{v_k^2}{v_{1k}^2} \tag{1-58}$$

于是式(1-57)可以被简单记为

$$2E_{\mathrm{U}}\left(\frac{H}{\mathrm{GM}}\right)^2 = -(2-\nu)\nu\cos^2\theta_{Hk}$$

将该式代入式(1-54)，于是有

$$e = \sqrt{1-(2-\nu)\nu\cos^2\theta_{HK}} \tag{1-59}$$

这就是离心率的另外一种表达形式。

下面来进一步推导椭圆轨道方程的另外一种表达形式，将式(1-55)代入$\dfrac{H^2}{\mathrm{GM}}$得到

$$\frac{H^2}{\mathrm{GM}} = \frac{r_k^2 v_k^2 \cos^2\theta_{Hk}}{\mathrm{GM}} = \frac{r_k v_k^2 \cos^2\theta_{Hk}}{\dfrac{\mathrm{GM}}{r_k}}$$

将式(1-56)代入上式整理得到

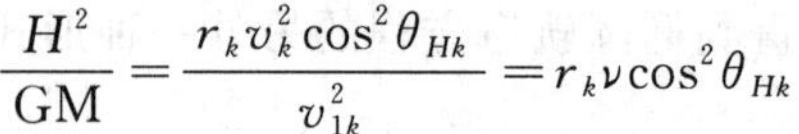

$$\frac{H^2}{\mathrm{GM}}=\frac{r_k v_k^2 \cos^2\theta_{Hk}}{v_{1k}^2}=r_k \nu \cos^2\theta_{Hk}$$

其中，ν 由式(1-58)给出。

令

$$p=\frac{H^2}{\mathrm{GM}}=r_k \nu \cos^2\theta_{Hk} \tag{1-60}$$

并代入椭圆轨道方程(1-53)，于是得到被动段轨迹方程的另一种表达形式

$$r=\frac{p}{1+e\cos\ (\eta+\eta_0)} \tag{1-61}$$

其中，p 由式(1-60)计算，离心率 e 由式(1-59)计算，ν 由式(1-58)计算。其中 k 点第一宇宙速度由式(1-56)计算。

当关机点的参数确定后，可以计算 η_0。根据式(1-60)和式(1-61)不难得到

$$\eta_0=\mathrm{acos}\,\frac{\nu\cos^2\theta_{Hk}-1}{e} \tag{1-62}$$

η_0 的取值范围为 $0\sim\pi$ 的闭区间，它也随关机点参数 r_k、v_k 和 θ_{Hk} 的变化而变化。

1.3 关于被动段轨道形状的讨论

式(1-53)和式(1-61)给出了被动段运动轨迹的一般形式，它是圆锥曲线。由相关的知识可得，当 $e>1$ 时飞行轨迹是双曲线，当 $e=1$ 时飞行轨迹是抛物线，当 $e<1$ 时飞行轨迹是椭圆。

一般来说，对于弹道导弹，被动段飞行轨迹一般是椭圆轨道，且 $\nu\leqslant 1$；对于运载火箭，由于它的工作任务是将有效载荷送到预定的轨道，所以被动段之后的飞行轨迹由有效载荷的轨道要求决定。这里根据三种不同轨道参数绘制轨道形状，详见图 1-3～图 1-5，以帮助读者理解各个参数对轨道形状的影响。图中虚线表示地球，分析表明，轨道的形状不仅受火箭关机速度大小的影响，而且受关机点处的弹道倾角的影响。

(1) $\nu=0.5$，$\theta_{Hk}=45°$，$e=0.791<1$，椭圆轨道

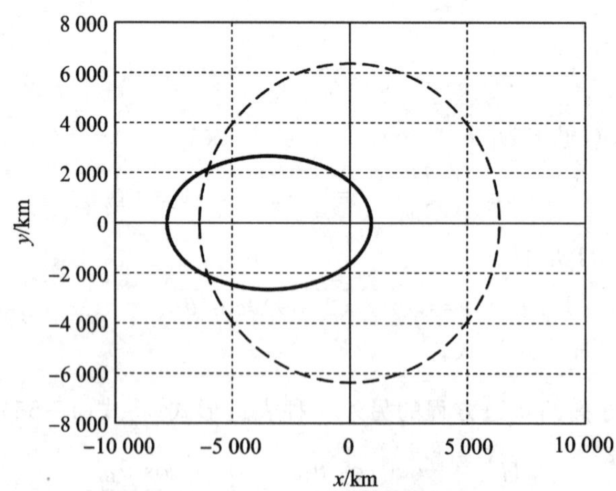

图 1-3　$\nu<1$ 时的椭圆轨道案例

(2) $\nu=1.0$，$\theta_{Hk}=0$，$e=0$，圆轨道，进入卫星轨道的最低条件

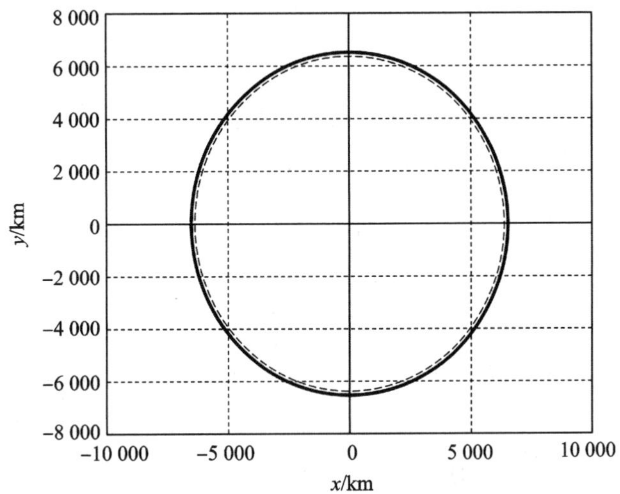

图 1-4　$\nu=1$ 时的圆轨道案例

(3) $\nu=1.0$，$\theta_{Hk}=45°$，$e=0.707<1$，椭圆轨道

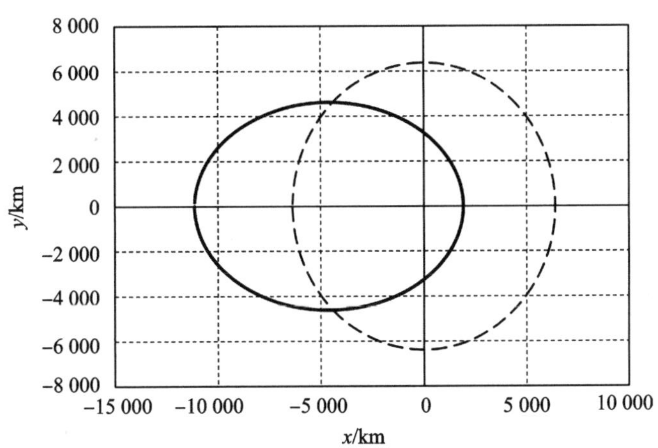

图 1-5　$\nu=1$ 时的椭圆轨道案例

(4) 拓展问题

当 $1.0<\nu<2.0$，$e<1$ 时，飞行轨迹是什么样子？

当 $\nu\geqslant2.0$ 或 $e\geqslant1$ 时，飞行轨迹不再是常规的弹道导弹或卫星轨迹，请问轨迹又是什么样子？

习　　题

1. 攻角、弹道倾角和俯仰角的定义及三个角度之间的关系是什么？请在弹道平面内绘制示意图说明。

2. 推导在箭体坐标系的气动阻力 D_b 和气动升力 L_b 的表达式。

3. 根据下面的轨迹方程，分析 ν 对轨道形状的影响：

$$r = \frac{p}{1 + e\cos(\eta + \eta_0)}$$

其中

$$p = r_k \nu \cos^2\theta_{Hk}$$

$$e = \sqrt{1 - (2 - \nu)\nu\cos^2\theta_{Hk}}$$

$$\nu = \frac{v_k^2}{v_{1k}^2}$$

$$v_{1k}^2 = \frac{GM}{r_k}$$

4. 假定 $r = R_0 + 150$ km($R_0 = 6\ 371$ km)，根据习题 3 中分析的结果，编程绘制典型轨道的形状。

5. 公式 $E_U = \frac{v_k^2}{2} - \frac{GM}{r_k}$ 的物理意义是什么？

第 2 章　航程计算

本章将介绍两种航程计算方法：一种是基于椭圆轨道的方法，另一种是基于球面三角的方法。航程计算有两个功用：一方面是用于总体设计；另一方面是进行航程控制，以保证卫星入轨或者保证导弹命中预定落点。对于弹道导弹，航程就是射程，一般包含主动段、弹道段(自由段)和再入段三段射程。

2.1　弹道导弹的射程计算

2.1.1　主动段射程计算

主动段射程是从火箭发动机点火到关机指令发出时，火箭所在位置在地面投影点离发射点的球面距离。当知道关机点在发射参考坐标系中的坐标值时，就可以求出主动段的射程。假定地球的平均半径为 R_0，关机点的坐标为(x_k，y_k，z_k)，关机点相对发射点扫过的地心角为

$$\beta_\gamma = \arctan \frac{\sqrt{x_k^2 + z_k^2}}{R_0 + y_k} \tag{2-1}$$

总体设计阶段，只考虑火箭在发射平面内飞行的情况，主动段地心角公式简化为

$$\beta_\gamma = \arctan \frac{x_k}{R_0 + y_k} \tag{2-2}$$

于是主动段的射程为

$$l_\mathrm{A} = R_0 \beta_\gamma \tag{2-3}$$

显然，x_k 和 y_k 相对于地球平均半径 R_0 很小，所以在总体设计时也可以采用下面的近似公式来计算主动段射程：

$$l_\mathrm{A} \approx R_0 \frac{x_k}{R_0 + y_k} \approx x_k \tag{2-4}$$

2.1.2　弹道段射程计算

弹道段又称自由段，是火箭发出关机指令后到再入点之间的一段航迹，对应的射程也是关机点和再入点在地表投影点之间的球面距离。如图 2-1 所示，如果欲求弹道段的射程，由椭圆轨道的对称特点，读者只需要求出弹道段半角 η_E 即可，由于 $\eta_0 + \eta_\mathrm{E} = \pi$，所以只需要求出 η_0 即可。根据第二种椭圆轨迹方程，见式(1-61)，在关机点 r_k 处，可以求得

$$\cos \eta_0 = \frac{\nu \cos^2 \theta_{Hk} - 1}{e}$$

进一步推导得到

$$\sin \eta_0 = \frac{\nu \cos \theta_{Hk} \sin \theta_{Hk}}{e}$$

于是得到

$$\eta_0 = \arctan \frac{\nu\cos\theta_{Hk}\sin\theta_{Hk}}{\nu\cos^2\theta_{Hk} - 1} \tag{2-5}$$

由角度关系，即 $\eta_0 + \eta_E = \pi$，于是得到

$$\tan\eta_E = -\tan\eta_0 = \frac{\nu\cos\theta_{Hk}\sin\theta_{Hk}}{1 - \nu\cos^2\theta_{Hk}}$$

于是得到自由段半射程角为

$$\eta_E = \arctan \frac{\nu\tan\theta_{Hk}}{\tan^2\theta_{Hk} + 1 - \nu} \tag{2-6}$$

其中，ν 的计算参见式(1-58)和式(1-56)。

自由段射程为

$$l_{B.F.} = 2R_0\eta_E = 2R_0(\pi - \eta_0) \tag{2-7}$$

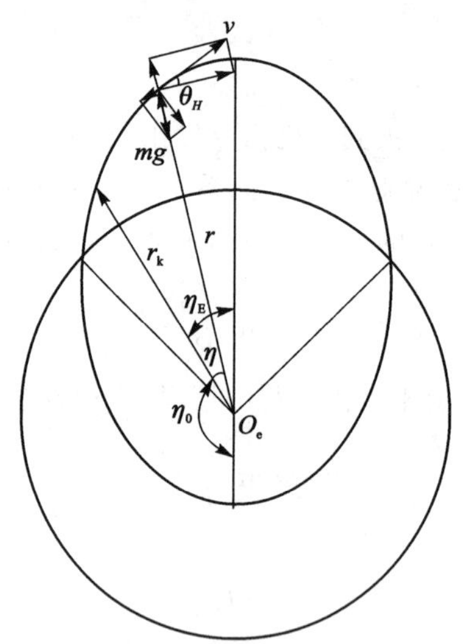

图 2-1 极坐标平面内的弹道导弹轨迹

2.1.3 再入段射程计算

再入段射程是指从再入点到落点弹头飞过的射程。若忽略再入段的大气阻力，由弹道的对称性可以方便求得。椭圆轨道与地球有两个交点，参看图 2-1，这两个交点必然关于椭圆轨道的长轴对称，由椭圆轨道方程(1-61)可得

$$R_0 = \frac{p}{1 + e\cos(\eta + \eta_0)}$$

于是可以求出椭圆轨道与地球交点相对于关机点地心矢径之间的夹角，即

$$\eta = \arccos \frac{1}{e}\left(\frac{p}{R_0} - 1\right) - \eta_0$$

如果选取离关机点较近的交点，则必有 $\eta < 0$；如果取落点，则 η 必然是一个比较大的角度。考虑到 arccos 的值域，取离关机点较近的那个交点计算更容易。假定关机点和再入点关于椭圆轨道长轴对称，这样从较近的交点到关机点之间的地心矢径夹角和再入点到落点之间

的地心矢径夹角是一样的，所以可以采用下面的公式计算再入段射程角：

$$\eta_c = \eta_0 - \arccos \frac{1}{e}\left(\frac{p}{R_0} - 1\right) \tag{2-8}$$

所以，如果忽略再入段大气的影响，由弹道的对称性，最终得到再入段射程为

$$l_E = R_0 \left[\eta_0 - \arccos \frac{1}{e}\left(\frac{p}{R_0} - 1\right)\right] \tag{2-9}$$

由于和主动段航程一样，再入段航程本身并不长，所以总体设计的起初阶段也可以简单采用以下近似处理：

$$l_E \approx x_k \tag{2-10}$$

2.1.4　被动段射程计算

在探讨很多与射程相关的问题时，弹道导弹被动段被作为一个整体来考虑，将第 1 章中的式(1-56)和式(1-58)代入式(2-5)，整理得到

$$\eta_0 = \arctan \frac{r_k v_k^2 \cos\theta_{Hk} \sin\theta_{Hk}}{r_k v_k^2 \cos^2\theta_{Hk} - \mathrm{GM}} \tag{2-11}$$

参看图 2-1 可知，将再入段大气对弹头的影响忽略，用椭圆轨道的延续作为再入段的航程，于是得到被动段航程对应的地心角为

$$\beta_c = 2(\pi - \eta_0) + \eta_c$$

其中，η_c 的计算公式见式(2-8)，代入上式得到

$$\beta_c = 2\pi - \eta_0 - \arccos \frac{1}{e}\left(\frac{p}{R_0} - 1\right) \tag{2-12}$$

其中，e 见式(1-59)，p 见式(1-60)。

于是被动段航程为

$$L_c = R_0 \beta_c \tag{2-13}$$

其中，R_0 为地球的平均半径。

2.2　被动段飞行时间计算

在设计弹道导弹的飞行弹道时，往往需要计算被动段的飞行时间，将第 1 章中的式(1-45)改变一下形式得到

$$H = r^2 \dot{\eta} = r^2 \frac{\mathrm{d}\eta}{\mathrm{d}t}$$

将椭圆轨道方程代入，进一步得到以下关于时间的微分公式

$$\mathrm{d}t = \frac{r^2}{H}\mathrm{d}\eta = \frac{1}{H} \frac{H^4/(\mathrm{GM})^2}{[1 + e\cos(\eta + \eta_0)]^2}\mathrm{d}\eta$$

将上式积分得到

$$t_c = \frac{H^3}{(\mathrm{GM})^2}\int_0^{\beta_c} \frac{1}{[1 + e\cos(\eta + \eta_0)]^2}\mathrm{d}\eta \tag{2-14}$$

一旦知道关机点时的极角 η_0 和被动段的射程角 β_c 后，根据上式即可求出被动段的飞行时间。

式(2-14)需要通过数值积分来进行飞行时间的计算，对于设计和飞行轨迹分析问题，数值积分完全可以满足要求。当在对时间计算有实时性要求时，式(2-14)则显得计算效率偏低。那么是否可以推导出时间计算的解析公式呢？答案是肯定的，下面推导计算公式的解析方式。为便于讨论，将轨道方程写成

$$r=\frac{p}{1+e\cos f} \tag{2-15}$$

其中

$$p=H^2/\mathrm{GM}$$

$$f=\eta+\eta_0$$

根据椭圆的基本知识，椭圆轨道半长轴与 p 的关系为

$$a=\frac{p}{1-e^2} \tag{2-16}$$

将式(2-16)代入式(2-15)中，得到

$$r=\frac{a(1-e^2)}{1+e\cos f} \tag{2-17}$$

定义轨道偏近点角 E，如图 2-2 所示，其中 c 为椭圆中心到焦点的距离，

$$c=ae$$

由图 2-2 中的几何关系得到

$$-r\cos f=c+(-a\cos E)$$

整理得到

$$r\cos f=a\cos E-ae \tag{2-18}$$

将式(2-18)代入式(2-17)，得到

$$r=a(1-e\cos E) \tag{2-19}$$

式(2-19)是用偏近点角表示的椭圆轨道方程。

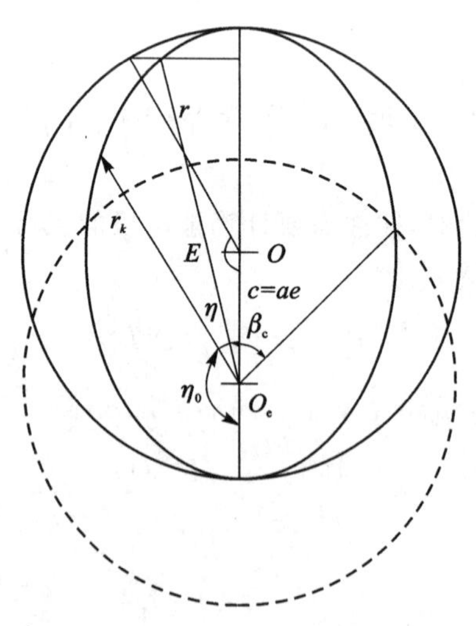

图 2-2　偏近点角 E 与其他角度的关系

于是时间微分公式可以写成

$$\mathrm{d}t=\frac{r^2}{H}\mathrm{d}\eta=\frac{1}{H}a^2(1-e\cos E)^2\mathrm{d}\eta \tag{2-20}$$

联立式(2-15)和式(2-19)，得到 f 和 E 的关系如下：

$$1+e\cos f=\frac{1-e^2}{1-e\cos E} \tag{2-21}$$

将上式两边微分并整理得到

$$\mathrm{d}f=\frac{\sin E}{\sin f}\frac{1-e^2}{(1-e\cos E)^2}\mathrm{d}E \tag{2-22}$$

由于

$$\sin f=\sqrt{1-\cos^2 f}$$

将式(2-18)代入上式，消去 $\cos^2 f$ 得到

$$\sin f=\frac{a}{r}\sqrt{\frac{r^2}{a^2}-(\cos E-e)^2}$$

将式(2-19)代入上式进一步得到

$$\sin f=\frac{1}{1-e\cos E}\sqrt{\sin^2 E(1-e^2)}$$

由图 2-2 不难发现，显然 $\sin f$ 和 $\sin E$ 同号，所以有

$$\sin f=\frac{\sqrt{1-e^2}}{1-e\cos E}\sin E \tag{2-23}$$

将式(2-23)代入式(2-22)得到

$$\mathrm{d}f=\frac{\sqrt{1-e^2}}{1-e\cos E}\mathrm{d}E \tag{2-24}$$

显然 $\mathrm{d}\eta=\mathrm{d}f$，所以联合式(2-20)和式(2-24)得到

$$\mathrm{d}t=\frac{H^3}{(\mathrm{GM})^2\sqrt{(1-e^2)^3}}(1-e\cos E)\mathrm{d}E \tag{2-25}$$

两边积分得到

$$t=\frac{H^3}{(\mathrm{GM})^2\sqrt{(1-e^2)^3}}(E-e\sin E)+C_1 \tag{2-26}$$

下面来讨论角 E 的求解，由式(2-21)，并结合三角函数的半角公式得到 E 和 f(即 $\eta+\eta_0$)之间的关系为

$$\tan\frac{E}{2}=\sqrt{\frac{1-e}{1+e}}\tan\frac{f}{2}=\sqrt{\frac{1-e}{1+e}}\tan\frac{\eta+\eta_0}{2} \tag{2-27}$$

根据式(2-27)，读者可以根据角 η 求出角 E，然后通过式(2-26)就可以求出自由段飞行时间为

$$t_c=t\big|_{\eta=\beta_c}-t\big|_{\eta=0} \tag{2-28}$$

图 2-3 绘制了弹道导弹射程与飞行时间之间的关系，一般情况下，弹道导弹的飞行时间为5～35 min。

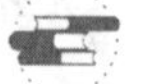

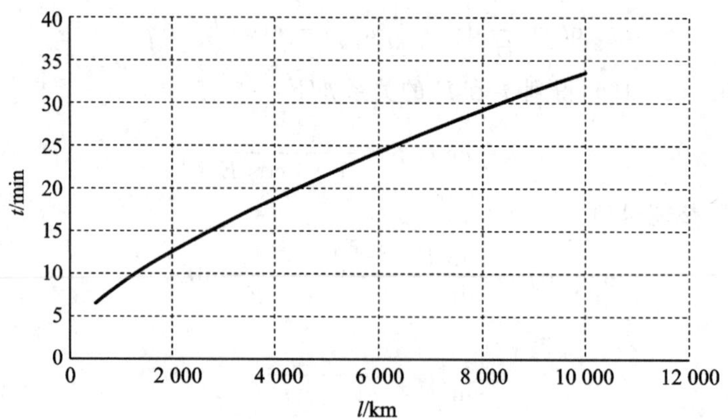

图 2-3　自由段射程与飞行时间之间的关系曲线

2.3　弹道段射程及影响参数分析

根据前面的分析，当运载火箭系统用作弹道导弹时，其全射程为

$$l = l_{\mathrm{A}} + l_{\mathrm{B.F.}} + l_{\mathrm{E}} \tag{2-29}$$

由于弹道导弹射程的主要贡献来自于弹道段（自由段），下面着重讨论关机参数对弹道段射程的影响。弹道段射程可以表示为关机参数的函数：

$$l_{\mathrm{B.F.}} = f(v_k, \theta_{Hk}, r_k)$$

详细计算公式见式(2-7)和式(2-6)。下面来具体讨论各个参数对弹道段射程的影响。

2.3.1　关机点最优弹道倾角

下面讨论弹道导弹关机点最优弹道倾角 θ_{Hk} 的问题。考察前面 η_{E} 的求解公式(2-6)，当 ν 取何值时，θ_{Hk} 将取最优值 θ_k^{opt} 呢？对式(2-6)取微分，并令

$$\frac{\mathrm{d}(\tan\eta_{\mathrm{E}})}{\mathrm{d}(\tan\theta_k)} = 0$$

于是得到

$$\frac{\mathrm{d}(\tan\eta_{\mathrm{E}})}{\mathrm{d}(\tan\theta_k)} = \frac{\nu(\tan^2\theta_k + 1 - \nu) - 2\nu\tan^2\theta_k}{(\tan^2\theta_k + 1 - \nu)^2} = \frac{\nu(1 - \nu - \tan^2\theta_k)}{(\tan^2\theta_k + 1 - \nu)^2} = 0$$

观察分子，$\nu=0$ 的情况不必讨论，所以有

$$\tan^2\theta_k^{\mathrm{opt}} = 1 - \nu$$

$\nu>1$ 时，飞行器将进入卫星轨道，在此不予考虑，所以得到

$$\theta_k^{\mathrm{opt}} = a\tan\sqrt{1-\nu} \tag{2-30}$$

其中，ν 的含义见式(1-58)。

以 ν 为横坐标、θ_k^{opt} 为纵坐标绘制曲线，如图 2-4 所示。显然，ν 的范围在 0～1 之间，图中曲线表明，当 ν 从小到大变化时，最优射程角从 45°逐渐减小到 0°。当然，实际中 ν 不可能取 0。$\nu\to 0$ 时，$\theta_k^{\mathrm{opt}}\to 45°$，这是不考虑大气阻力时弹道导弹的最优弹道倾角；$\nu=1$ 时，表示在关机点弹道导弹的速度达到了在该点的第一宇宙速度，此时的最优弹道倾角为 $\theta_k^{\mathrm{opt}}=0°$，这是人造

地球卫星入轨的最低条件。

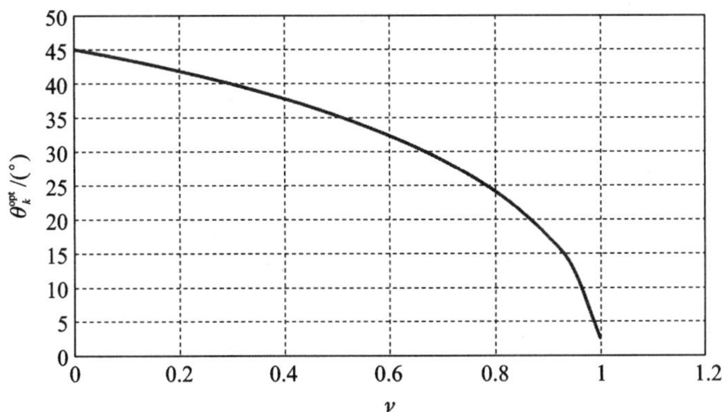

图 2-4　关机点最优弹道倾角与 ν 之间的关系曲线

2.3.2　射程与关机速度的关系

全射程的主要部分是弹道段射程，射程受关机速度、速度方向和关机点高度的影响。其中关机点高度对射程的影响相对较小，所以这里重点讨论关机速度对弹道段射程的影响。显然在同一速度下，不同的弹道倾角也会得到不同的射程，所以在讨论速度对射程的影响时，须假定在某一个速度条件下，关机点弹道倾角总是取最优值来进行讨论。

将式(2-30)代入式(2-6)，消去弹道倾角 θ_{Hk} 得到

$$\eta_{\mathrm{E}}^{\max}=\arctan\frac{\nu}{2\sqrt{1-\nu}} \tag{2-31}$$

将式(2-31)代入式(2-7)得到在关机点最优弹道倾角情况下，射程与速度之间的关系式

$$l_{\mathrm{B.F.}}=2R_0\arctan\frac{\nu}{2\sqrt{1-\nu}} \tag{2-32}$$

假定关机高度为 100 km，该点的第一宇宙速度为

$$v_{1k}^2\approx 61.6\ (\mathrm{km/s})^2$$

于是有

$$\nu=\frac{v_k^2}{v_{1k}^2}\approx\frac{v_k^2}{61.6}$$

代入式(2-32)，于是得到

$$l_{\mathrm{B.F.}}^{\max}=2\times 6\ 371\times\arctan\left(\frac{v_k^2}{15.70\sqrt{61.6-v_k^2}}\right) \tag{2-33}$$

其中，射程 $l_{\mathrm{B.F.}}$ 的单位是 km，关机速度 v_k 的单位是 km/s。

根据式(2-33)绘制曲线，如图 2-5 所示。曲线表明，随着关机速度的增大，弹道段射程增大，而且增速越来越快，要想达到 10 000 km 的射程，关机速度需要超过 7 km/s。

2.3.3　射程与关机点最优弹道倾角的关系

下面来讨论射程与关机点最优弹道倾角的关系，将式(2-30)代入式(2-6)，消去 ν，得到

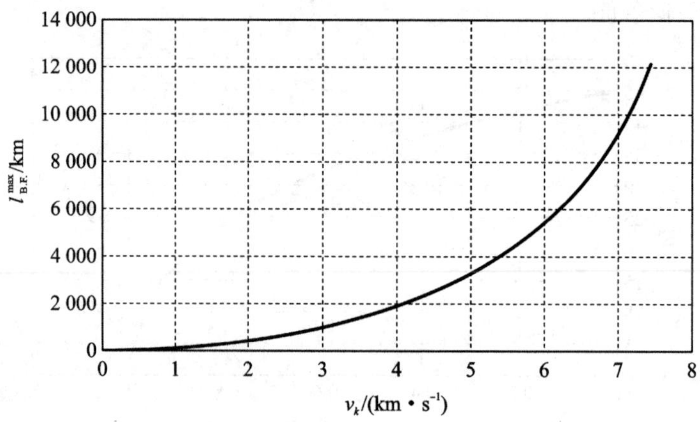

图 2-5 弹道段射程与关机速度之间的关系曲线

$$\tan\eta_E^{max}=\frac{1-\tan^2\theta_k^{opt}}{2\tan\theta_k^{opt}}=\frac{1}{\tan 2\theta_k^{opt}}=\cot 2\theta_k^{opt}$$

所以

$$\eta_E^{max}=\frac{\pi}{2}-2\theta_k^{opt} \tag{2-34}$$

且因为

$$l_{B.F.}=2R\eta_E$$

$$\theta_k^{opt}=\frac{\pi}{4}-\frac{\eta_E^{max}}{2}=\frac{\pi}{4}-\frac{l_{B.F.}}{4R}=\frac{\pi}{4}-\frac{l_{B.F.}}{4\times 6\ 371} \tag{2-35}$$

将公式表示成角度形式，得到

$$\theta_k^{opt}=45°-\frac{57.3°}{4\times 6\ 371}l_{B.F.} \tag{2-36}$$

或者

$$\theta_k^{opt}=45°-(0.002\ 248l_{B.F.})° \tag{2-37}$$

根据上面的公式，不难发现它们是线性关系，读者可以用式(2-35)、式(2-36)或式(2-37)估算不同的关机点最优弹道倾角 θ_k^{opt}，在飞行程序设计时该计算是必需的。给定不同的射程 $l_{B.F.}$(km)，绘制关系曲线如图 2-6 所示，当射程为 10 000 km 时，关机点最优弹道倾角为 22°左右。

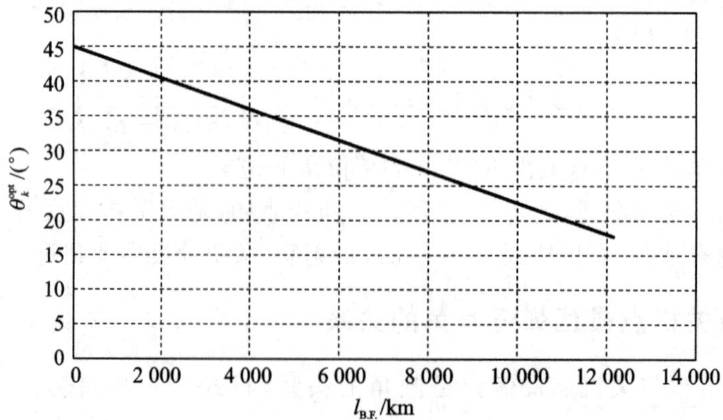

图 2-6 射程与关机点最优弹道倾角之间的关系

2.3.4　根据射程求关机速度

将式(2-30)代入式(2-6),消去分母中的 ν 得到

$$\tan\eta_E^{max}=\frac{\nu\tan\theta_k^{opt}}{\tan^2\theta_k^{opt}+\tan^2\theta_k^{opt}}=\frac{v_k^2/v_{1k}^2}{2\tan\theta_k^{opt}}$$

改变形式得到

$$v_k^2=2v_{1k}^2\tan\eta_E^{max}\tan\theta_k^{opt}\tag{2-38}$$

将式(2-35)代入式(2-38)得到

$$v_k^2=2v_{1k}^2\tan\eta_E^{max}\tan\left(\frac{\pi}{4}-\frac{\eta_E^{max}}{2}\right)\tag{2-39}$$

将式(2-7)改变形式记为

$$\eta_E^{max}=\frac{l_{B.F.}^{max}}{2R_0}$$

将上式和式(1-56)一起代入式(2-39)得到

$$v_k=\sqrt{2\frac{GM}{r_k}\tan\frac{l_{B.F.}^{max}}{2R_0}\tan\left(\frac{\pi}{4}-\frac{l_{B.F.}^{max}}{4R_0}\right)}\tag{2-40}$$

当关机点高度为 100 km 时,$v_{1k}^2=\frac{GM}{r_k}\approx 61.6(km/s)^2$,代入上式，则

$$v_k=11.10\sqrt{\tan\left(\frac{l_{B.F.}^{max}}{2\times 6\ 371}\right)\tan\left(\frac{\pi}{4}-\frac{l_{B.F.}^{max}}{4\times 6\ 371}\right)}\tag{2-41}$$

上面公式中,$l_{B.F.}^{max}$ 的单位是 km，关机速度 v_k 的单位是 km/s。根据式(2-41),绘制出射程与关机速度之间的关系曲线如图 2-7 所示。要想获得更远的射程,就需要使弹头达到更高的速度,该曲线和图 2-5 曲线的含义相当。

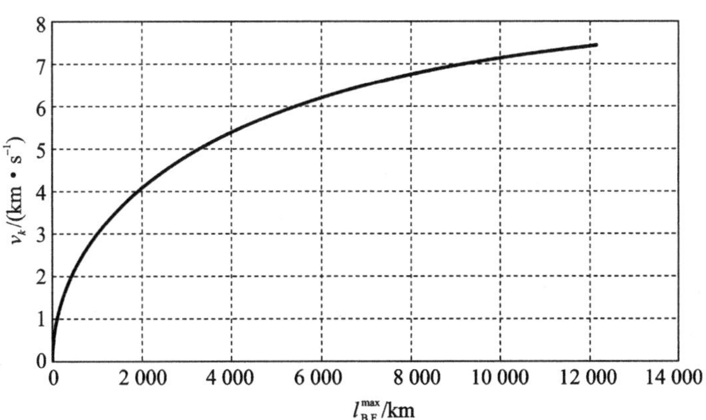

图 2-7　射程与关机速度之间的关系曲线

2.3.5　射程角与关机点参数之间的关系

综合前面的分析,下面将各个影响参数绘制在一张图上,如图 2-8 所示。该图表示了 η_E、θ_k 和 ν 之间的关系。图中任取一条曲线,表明了取不同 ν 值时,射程角 η_E 随 θ_k 的变化情

况，同一个ν值，η_E随θ_k的增大先增后减；随着ν不同，θ_k有一系列的最优值，且最优值随ν线性变化，ν值越大，θ_k^{opt}越小；随着ν增大，最远射程也在不断增大。

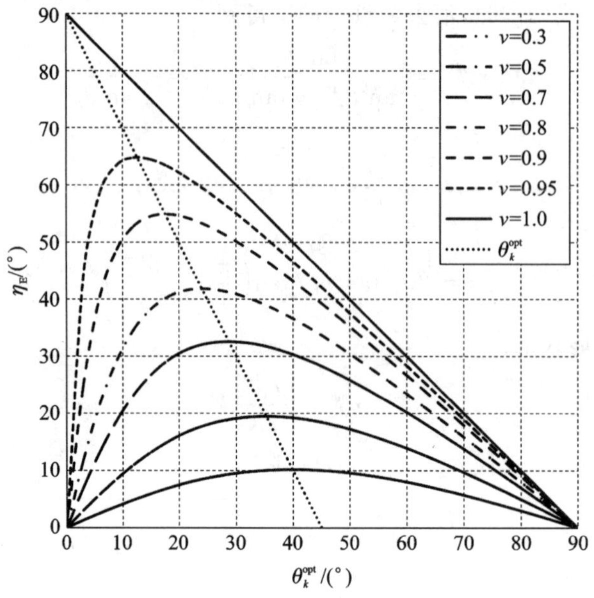

图 2-8 射程影响参数的综合分析图

射程的主要贡献者是自由段。下面大家来讨论自由段射程相对于各个关机参数的偏导数。由式(2-7)和式(2-6)可知

$$\tan\frac{l_{B.F.}}{2R_0}=\frac{\nu\tan\theta_{Hk}}{\tan^2\theta_{Hk}+1-\nu} \tag{2-42}$$

对式(2-42)两边对$\tan\theta_{Hk}$取导数，整理得到

$$\frac{\partial l_{B.F.}}{\partial\tan\theta_{Hk}}=2R_0\frac{\nu(1-\nu-\tan^2\theta_{Hk})}{(\tan^2\theta_{Hk}+1-\nu)^2}\cos^2\frac{l_{B.F.}}{2R_0} \tag{2-43}$$

将式(2-42)两边取平方，然后化简得到

$$\cos^2\frac{l_{B.F.}}{2R_0}=\frac{(\tan^2\theta_{Hk}+1-\nu)^2}{(\tan^2\theta_{Hk}+1-\nu)^2+\nu^2\tan^2\theta_{Hk}} \tag{2-44}$$

将式(2-44)代入式(2-43)得到

$$\frac{\partial l_{B.F.}}{\partial\tan\theta_{Hk}}=2R_0\frac{\nu(1-\nu-\tan^2\theta_{Hk})}{(\tan^2\theta_{Hk}+1-\nu)^2+\nu^2\tan^2\theta_{Hk}} \tag{2-45}$$

又因为

$$\frac{\partial l_{B.F.}}{\partial\theta_{Hk}}=\frac{\partial l_{B.F.}}{\partial\tan\theta_{Hk}}\frac{\mathrm{d}\tan\theta_{Hk}}{\mathrm{d}\theta_{Hk}}=\frac{\partial l_{B.F.}}{\partial\tan\theta_{Hk}}\frac{1}{\cos^2\theta_{Hk}} \tag{2-46}$$

所以

$$\frac{\partial l_{B.F.}}{\partial\theta_{Hk}}=2R_0\frac{\nu(1-\nu-\tan^2\theta_{Hk})}{[(\tan^2\theta_{Hk}+1-\nu)^2+\nu^2\tan^2\theta_{Hk}]\cos^2\theta_{Hk}} \tag{2-47}$$

对式(2-42)两边对ν取导数，得到

$$\frac{\partial l_{B.F.}}{\partial\nu}=2R_0\frac{\tan\theta_{Hk}(\tan^2\theta_{Hk}+1)}{(\tan^2\theta_{Hk}+1-\nu)^2+\nu^2\tan^2\theta_{Hk}} \tag{2-48}$$

由式(1-51)和式(1-49)可得

$$\nu=\frac{r_k v_k^2}{\mathrm{GM}}=\frac{(R_0+h_k)v_k^2}{\mathrm{GM}} \tag{2-49}$$

将上式分别对 v_k 和 h_k 取偏导数，得到

$$\left.\begin{aligned}\frac{\partial \nu}{\partial v_k}&=2\frac{r_k v_k}{\mathrm{GM}}\\ \frac{\partial \nu}{\partial h_k}&=\frac{v_k^2}{\mathrm{GM}}\end{aligned}\right\} \tag{2-50}$$

所以

$$\left.\begin{aligned}\frac{\partial l_{\mathrm{B.F.}}}{\partial v_k}&=2\frac{\partial l_{\mathrm{B.F.}}}{\partial \nu}\frac{r_k v_k}{\mathrm{GM}}\\ \frac{\partial l_{\mathrm{B.F.}}}{\partial h_k}&=\frac{\partial l_{\mathrm{B.F.}}}{\partial \nu}\frac{v_k^2}{\mathrm{GM}}\end{aligned}\right\} \tag{2-51}$$

射程偏差为

$$\Delta L=\frac{\partial l_{\mathrm{B.F.}}}{\partial v_k}\Delta v_k+\frac{\partial l_{\mathrm{B.F.}}}{\partial \theta_{Hk}}\Delta\theta_{Hk}+\frac{\partial l_{\mathrm{B.F.}}}{\partial h_k}\Delta h_k \tag{2-52}$$

式(2-46)、式(2-48)和式(2-51)给出了自由段射程相对关机参数的偏导数公式。下面通过一个例题来讨论关机点参数的变化对射程的影响。

例 2-1　设某弹道导弹射程为 10 000 km，关机点高度为 100 km，试分析关机点参数的变化对导弹射程的影响。

解：首先，计算关机参数，已知射程为 $L=10\ 000$ km，关机点高度为 $h_k=100$ km，忽略主动段和再入段对射程的影响，用式(2-35)计算关机最优弹道倾角为

$$\theta_k^{\mathrm{opt}}=\frac{\pi}{4}-\frac{l_{\mathrm{B.F.}}}{4\times 6\ 371}=0.392\ 995\ \mathrm{rad}(22.517^\circ)$$

用式(2-40)计算关机速度为

$$v_k=\sqrt{2\frac{\mathrm{GM}}{r_k}\tan\frac{l_{\mathrm{B.F.}}}{2R_0}\tan\left(\frac{\pi}{4}-\frac{l_{\mathrm{B.F.}}}{4R_0}\right)}=7.142\ 25\ \mathrm{km/s}$$

根据式(2-46)和式(2-51)计算关机点参数的偏导数为

$$\frac{\partial l_{\mathrm{B.F.}}}{\partial \theta_{Hk}}=2.325\ 28\ \mathrm{m/rad}$$

$$\frac{\partial l_{\mathrm{B.F.}}}{\partial v_k}=6\ 082.36$$

$$\frac{\partial l_{\mathrm{B.F.}}}{\partial h_k}=3.356\ 65$$

① 固定角度和速度：当关机点高度变化 3%时，射程偏差与关机点高度的关系如图 2-9 所示。当关机点高度比预设值低时，射程偏近；当关机点高度比预设值高时，射程偏远。当关机点高度偏差为 3%时，射程偏差约为 10 km。

② 固定高度和角度：当关机速度变化 3%时，射程偏差与关机速度的关系如图 2-10 所示。当关机速度低于预期关机速度时，射程偏近；当关机速度高于预期关机速度时，射程偏远。3%的关机速度偏差将导致 1 150～1 450 km 的射程偏差。

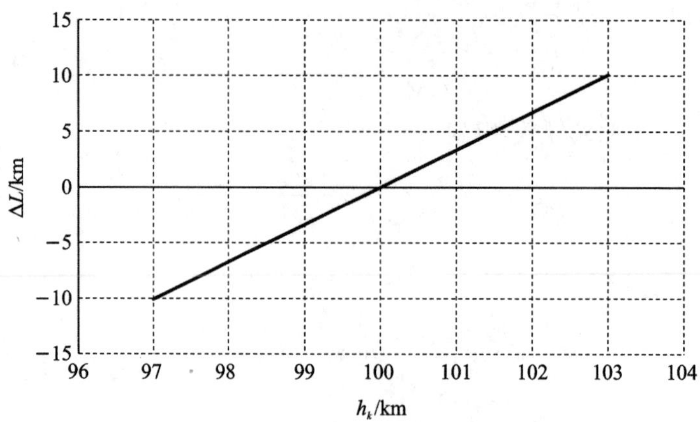

图 2-9　射程偏差与关机点高度的关系

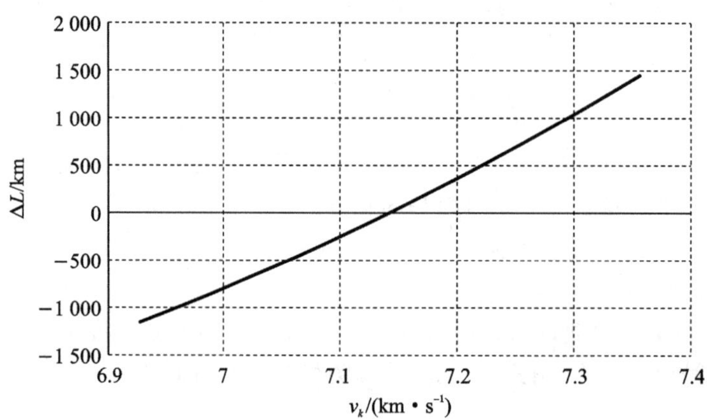

图 2-10　射程偏差与关机速度的关系

③ 固定高度和速度：当关机角度变化±3°时，射程偏差与关机角度的关系如图 2-11 所示。当关机点弹道倾角大于或小于预期的关机点弹道倾角时，射程都会偏小。计算表明，当关机点弹道倾角变化量为±3°时，射程偏差为 120～165 km。

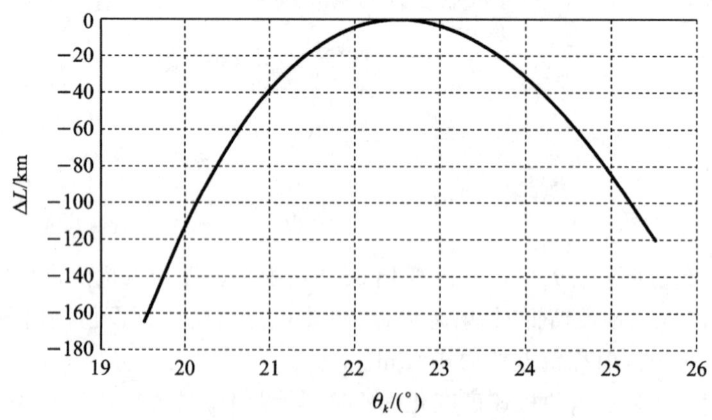

图 2-11　射程偏差与关机角度的关系

这个算例表明，关机点高度对射程的影响远远小于关机速度对射程的影响。

2.4　基于球面三角的航程计算方法

2.3 节介绍的航程计算方法无法考虑弹道导弹发射后，地球转动带来的影响，为了将地球的转动考虑进去，这里介绍一种以球面三角为基础的几何法来实现航程的计算。

2.4.1　球面三角正余弦定理

在球面上用三个相交的大圆弧可以构成一个球面三角形，球面三角形的角为相交两弧的夹角，球面三角形的边为大圆弧对应的球心角，如图 2-12 所示。

球面三角形的正弦定理为

$$\frac{\sin A}{\sin a}=\frac{\sin B}{\sin b}=\frac{\sin C}{\sin c} \tag{2-53}$$

球面三角形边的余弦定理为

$$\cos a=\cos b\cos c+\sin b\sin c\cos A \tag{2-54}$$

这两个公式将在后面的推导中用到。

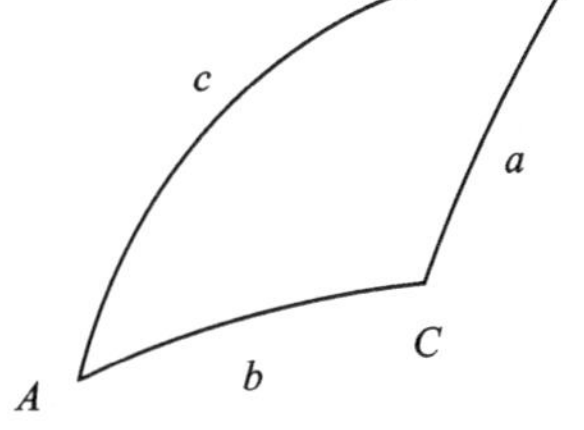

图 2-12　球面三角形示意图

2.4.2　航程计算的几何方法

如图 2-13 所示，设发射点 C_0 的经纬度为 λ_c、B_c，落点 D_0 的经纬度为 λ_d、B_d，从发射点到落点的航程角为 ϕ，落点方位角为 ψ_ϕ。当弹道导弹发射后，由于地球会以角速度 ω_e 自转，所以在惯性坐标系中看，落点 D_0 实际上是以一定的速度移动的。如图 2-13 所示，假定飞行时间为 t，则当弹头落地时，实际飞过的 $\angle N$ 应为

$$\angle N=\lambda_d-\lambda_c+\omega_e t \tag{2-55}$$

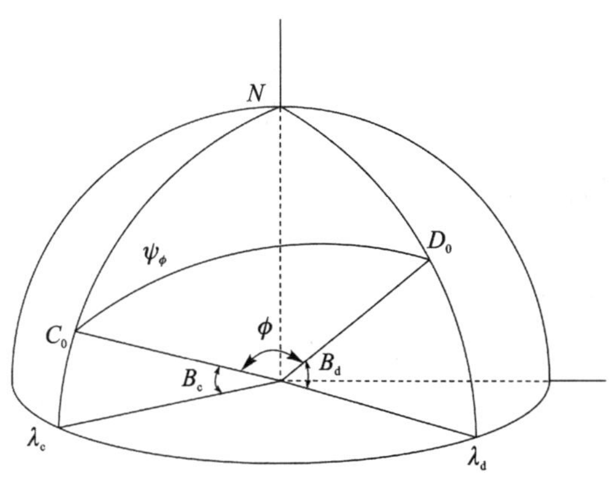

图 2-13　射程计算示意图

在球面三角形 NC_0D_0 中由边 C_0D_0 的余弦定理得到航程角 ϕ 的计算公式为

$$\cos\phi=\sin B_c\sin B_d+\cos B_c\cos B_d\cos(\lambda_d-\lambda_c+\omega_e t) \tag{2-56}$$

于是导弹的射程为

$$L = R\phi \tag{2-57}$$

由球面三角形的正弦定理，可以求出落点方位角 ψ_ϕ：

$$\sin\psi_\phi = \frac{\sin N \cos B_\mathrm{d}}{\sin\phi} \tag{2-58}$$

在球面三角形 NC_0D_0 中由边 ND_0 的余弦定理得到落点方位角 ψ_ϕ 的计算公式：

$$\cos\psi_\phi = \frac{\sin B_\mathrm{d} - \cos\phi \sin B_\mathrm{c}}{\sin\phi \cos B_\mathrm{c}} \tag{2-59}$$

忽略主动段的射程，采用基于球面三角形的射程和落点方位角计算式(2-56)～式(2-59)，以及前面的飞行时间计算式(2-26)～式(2-28)和椭圆轨道方程(1-46)，可以求出考虑地球旋转情况的射程、飞行时间以及落点方位角等。

2.5 根据射程设计标准弹道的方法

在设计和制导阶段，标准弹道都有十分重要的作用，弹道导弹的飞行轨迹可以分为主动段、自由段和再入段，其中自由段占据了主要的航程，所以弹道导弹的主要射程是由自由段的射程决定的。而自由段的飞行轨迹是由主动段终点(也就是关机点)的飞行参数所确定的。在自由段，弹头几乎是在真空中飞行，由第1章的讨论可知，根据关机点的运动参数可以确定弹头在该段的飞行轨迹的椭圆轨道方程，所以标准弹道的设计问题，就是确定其自由段椭圆轨道方程的参数问题，究其本质，也就是确定关机点的飞行状态。从设计的角度来看标准弹道的设计问题，一方面是要根据射程指标来确定合理的关机点参数；另一方面是要选择合适的弹道导弹/运载火箭的设计参数和主动段飞行程序参数，来确保弹道导弹/运载火箭在主动段的终点达到该关机状态。所以标准弹道的设计问题是一个需要考虑多种因素反复迭代的问题，本节仅仅给出根据导弹射程实现标准弹道粗略设计的过程。

假定导弹的射程 L 已知，忽略主动段和再入段的射程，并初步估计主动段终点的关机点高度 h_k，来确定标准弹道的基本参数 e、η_0、H 或 p。设计算法如下。

(1) 根据射程求半射程的地心角

$$\eta_\mathrm{E} = \frac{L}{2R}$$

(2) 求解关机点位置向量极角

$$\eta_0 = \pi - \eta_\mathrm{E}$$

(3) 估算在关机点处的最优弹道倾角

$$\theta_k^{\mathrm{opt}} = \frac{\pi}{4} - \frac{\eta_\mathrm{E}}{2}$$

(4) 估算关机点处的速度

$$v_k^2 = \frac{\mathrm{GM}}{r_k}(1 - \tan^2\theta_k^{\mathrm{opt}})$$

其中

$$r_k = R_0 + h_k$$

(5) 计算自由段椭圆轨道方程参数

首先计算单位质量的机械能：

$$E_U = \frac{v_k^{\ 2}}{2} - \frac{GM}{r_k}$$

然后计算 H 和 e：

$$H = r_k v_k \cos \theta_k^{opt}$$

$$e = \sqrt{1 + 2E_U \left(\frac{H}{GM}\right)^2}$$

最终得到椭圆轨道方程：

$$r = \frac{H^2/GM}{1 + e\cos(\eta + \eta_0)}$$

实现该算法的 C 语言程序见附录 2.1。

例 2-2 设某设计任务要求弹道导弹的射程为 4 000 km，假定其关机点高度为 100 km，试求解其标准飞行弹道的弹道参数并绘制弹道曲线。

解：根据前面给定的求解算法编制程序，计算得到

$$\eta_0 = 2.828 \text{ rad}$$

$$v_k = 5.391 \text{ km/s}$$

$$\theta_k^{opt} = 36.007°$$

$$e = 0.727$$

$$H = 28\ 221.981 \text{ km}^2/\text{s}$$

$$p = 1\ 998.192 \text{ km}$$

根据这些参数绘制曲线如图 2-14 所示，其中虚线表示地球，地球以外的实线部分表示弹头飞行椭圆轨道。

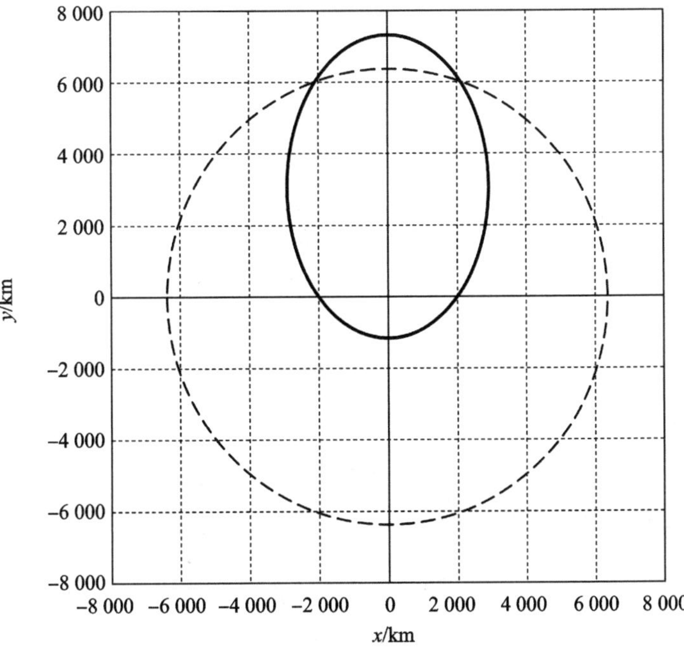

图 2-14 例 2-2 的计算结果——椭圆轨迹示意图

2.6 根据落点的经纬度设计标准弹道的方法

忽略主动段，当已知发射点经纬度和落点经纬度时，就可以根据前面介绍的知识初步计算弹道导弹的被动段射程和飞行时间，该计算过程需要迭代。具体算法如下：

① 给定发射点经纬度(λ_c,B_c)和落点经纬度(λ_d,B_d)，给定估计的关机点位置(x_k,y_k,z_k)，令被动段飞行时间初值 $t_e=0$；被动段射程角初值为 $\beta_{c0}=0$。

② 由发射点经纬度、期望落点经纬度以及飞行时间 t_c 可以求出当前的被动段射程角估计值 β_{c1}：

$$\cos\beta_{c1}=\sin B_c\sin B_d+\cos B_c\cos B_d\cos(\lambda_d-\lambda_c+\omega_e t_c)$$

③ 计算射程角 β_c 的偏差 err$=\beta_{c1}-\beta_{c0}$，如果 err 足够小，则记录当前的 β_c 和 t_c，退出求解过程；否则继续第④步的计算。

④ 用下面一组公式估算关机点弹道倾角。

由于

$$L_{\text{free}}=L_{\text{B.F.}}+L_{\text{entry}}$$

得到

$$L_{\text{B.F.}}=L_{\text{free}}-L_{\text{entry}}\approx R_0\beta_c-x_k$$

$$\theta_k^{\text{opt}}=\frac{\pi}{4}-\frac{l_{\text{B.F.}}}{4R_0}$$

所以

$$\theta_k^{\text{opt}}=\frac{\pi-\beta_c}{4}+\frac{x_k}{4R_0}$$

⑤ 求关机速度：由

$$\tan\eta_{\text{E}}^{\max}=\frac{v_k^2/v_{1k}^2}{2\tan\theta_k^{\text{opt}}}$$

得到关机速度求解公式：

$$v_k=\sqrt{2v_{1k}^2\tan\eta_{\text{E}}^{\max}\tan\theta_k^{\text{opt}}}$$

其中

$$\eta_{\text{E}}^{\max}\approx\frac{1}{2}\left(\beta_c-\frac{x_k}{R_0}\right)$$

$$v_{1k}^2=\frac{\text{GM}}{r_k}$$

$$r_k=\sqrt{x_k^2+(R_0+y_k)^2+z_k}$$

⑥ 确定椭圆轨道方程并求飞行时间：

$$E_{\text{U}}=\frac{v_k^2}{2}-\frac{\text{GM}}{r_k}$$

$$H=r_k v_k\cos\theta_{Hk}$$

$$e=\sqrt{1+2E_{\text{U}}\left(\frac{H}{\text{GM}}\right)^2}$$

$$\tan\frac{E}{2}=\sqrt{\frac{1-e}{1+e}}\tan\frac{f}{2}=\sqrt{\frac{1-e}{1+e}}\tan\frac{\eta+\eta_0}{2}$$

$$t_c=\frac{H^3}{(\mathrm{GM})^2\sqrt{(1-e^2)^3}}(E-e\sin E)+C_1$$

返回到第②步重复求解。

用 C 语言实现的算法见附录 2.2。

例 2-3　假设某弹道导弹，其发射点经纬度为(0°,0°)，期望落点经纬度为(45°,30°)，关机点估计高度为 100 km，试计算导弹的射程、飞行时间和关机速度。

解：根据题意已知发射点和落点的经纬度，近似认为关机点在发射参考系中的坐标为(0,100,0)km。根据前面介绍的算法编程计算得到，导弹的射程为 6 351.619 km，关机速度为 6.313 km/s，飞行时间为 24.663 min。飞行轨迹示意图如图 2-15 所示，其中虚线表示地球，地球以外的实线部分表示弹头飞行椭圆轨道。

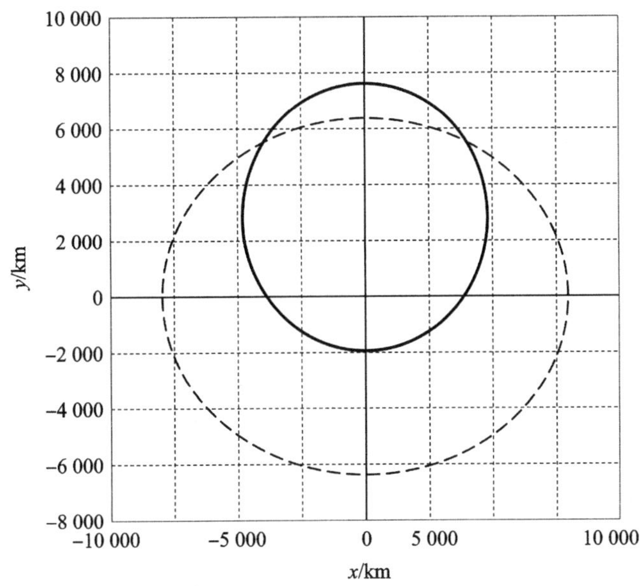

图 2-15　例 2-3 中导弹的椭圆轨迹示意图

2.7　飞行试验弹道设计

在弹道导弹的研制过程中，由于靶场的限制而无法进行正常弹道的试射时，需要采用试验弹道来完成试验飞行。试验弹道一般包含三种类型：低弹道、高弹道和制检弹道。低弹道主要用于模拟弹头的再入环境和分离制导系统工具误差；高弹道主要用于模拟弹头真空飞行环境和分离制导系统工具误差；制检弹道主要用于分离制导系统工具误差。图 2-16 所示为试验弹道与实际弹道的示意图。

将式(2-6)、式(2-7)、式(1-40)和式(1-5)结合，得到

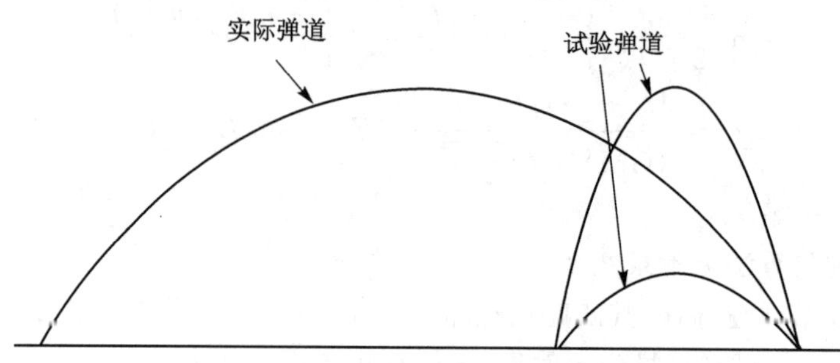

图 2-16　试验弹道与实际弹道的示意图

$$l_{\mathrm{B.F.}}=2R_0\arctan\frac{v_k^2\tan\theta_{Hk}}{\dfrac{\mathrm{GM}}{r_k}(\tan^2\theta_{Hk}+1)-v_k^2}\tag{2-60}$$

进行试验弹道设计时，当再入速度给定后，设计人员就可以以再入速度为试验弹道的关机速度 v_k，初步选定关机点高度后 r_k 就确定了，此时，式(2-60)给出了关机点弹道倾角 θ_{Hk} 和射程 $l_{\mathrm{B.F.}}$ 之间的关系。根据实际靶场的情况，确定一组合适的关机点弹道倾角 θ_{Hk} 和射程 $l_{\mathrm{B.F.}}$ 就得到了所需要的实验弹道。

图 2-17 给出了要求再入速度为 5.5 km/s 时，试验弹道关机点弹道倾角和射程之间的关系曲线(假定关机点高度为 100 km)。如果将试验弹道的射程控制在 1 500 km 以内，则关机点弹道倾角要达到 75°以上。

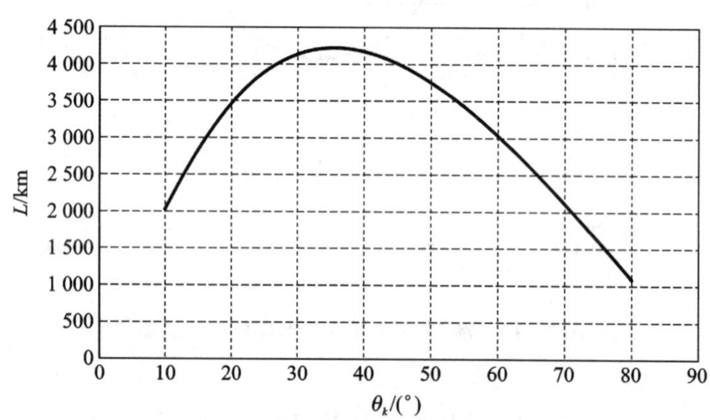

图 2-17　关机速度为 5.5 km/s 时关机点弹道倾角与射程的关系曲线

将式(2-60)改变形式，得到

$$v_k^2=\arctan\frac{\dfrac{\mathrm{GM}}{r_k}\tan\dfrac{l_{\mathrm{B.F.}}}{2R_0}(\tan^2\theta_{Hk}+1)}{\tan\theta_{Hk}+\tan\dfrac{l_{\mathrm{B.F.}}}{2R_0}}\tag{2-61}$$

式(2-50)给出了射程、关机点高度、关机速度和关机点弹道倾角之间的关系，在进行试验弹道设计时，一般根据靶场的要求给定射程 $l_{\mathrm{B.F.}}$，初步选定关机点高度后 r_k 就确定了，然后根据试验的要求进一步确定关机速度 v_k 和关机点弹道倾角 θ_{Hk}。关机速度 v_k 和关机点弹道倾

角 θ_{Hk} 的不同组合可以得到不同高度的弹道，在研究再入问题时，可以根据正常弹道的再入速度来估计试验弹道的关机速度。

图 2－18 给出了当射程限制在 500 km 时，所需试验弹道的关机点弹道倾角和关机速度之间的关系曲线（假定关机点高度为 100 km），由图可知，要使得做试验时弹头的再入速度达到 2.5 km/s，所采用的试验弹道的关机点弹道倾角要选 22°或 65°左右。

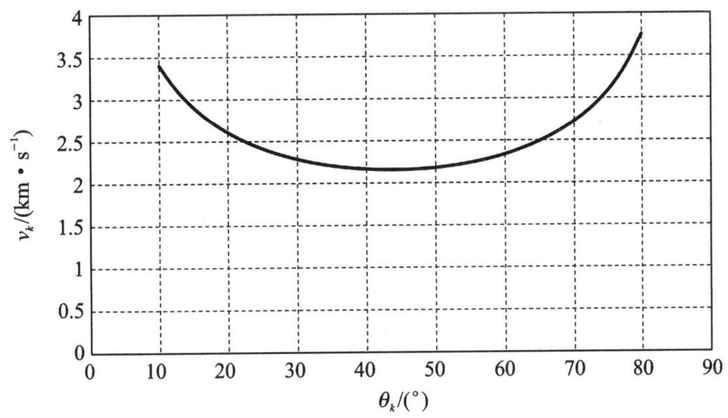

图 2－18　射程为 500 km 时关机点弹道倾角与关机速度的关系曲线

习　　题

1. 忽略再入段大气的影响，推导被动段射程 L_c 的求解公式。

2. 假定 $y_k = x_k + 5$ km，$R_0 = 6\ 371$ km，试分析式（2－3）和式（2－4）求得的主动段射程偏差随主动段射程变化的情况。

3. 分析关机点最优弹道倾角 θ_k^{opt} 随射程的变化关系。

4. 分析关机速度 v_k 随弹道导弹射程 $l_{\mathrm{B.F.}}$ 的变化关系。

5. 标准弹道设计需要确定哪些参数？

6. 编程实现 2.5 节的算法，并计算例 2－1 的各个参数，看一看和例题中的结果是否一致。

7. 编程实现 2.6 节的算法，并计算例 2－2 的各个参数，看一看和例题中的结果是否一致。

8. 根据椭圆轨道方程推导如下公式：

$$\eta_{\mathrm{E}} = \arctan\left(\frac{\nu \tan \theta_k}{\tan^2\theta_k + 1 - \nu}\right)$$

讨论 η_{E} 或自由段射程与关机点高度有没有关系，为什么？

附录 2.1 根据射程计算火箭被动段椭圆轨迹的 C 语言程序

```
const double GUS_GM = 3.986005e14; //m3 / s2
const double GUS_R0 = 6371004;      //m
const double GUS_PI = 3.1415926;

void cal_ellipse_trajectory_parameters(double * yita0, double * vk, double * thetak, double * e, double * p, double * t, double phai, double hk)
{
    //output parameters
    //double &yita0,关机点位置矢量角度,rad
    //double &vk, 关机点速度,m/s
    //double &e, 椭圆轨道偏心率
    //double &p, 椭圆轨道方程的分子
    //input parameters
    //double phai,自由段射程角,rad
    //double hk,关机点高度,m

    double yitae = 0.5 * phai;
     * yita0 = GUS_PI - yitae;
     * thetak = GUS_PI / 4.0 - yitae * 0.5;
    double rk = GUS_R0 + hk;//m
    double tmp = tan( * thetak);
    double vk2 = GUS_GM * (1 - tmp * tmp) / rk;//(m/s)^2
     * vk = sqrt(vk2);//m/s
    double Eu = 0.5 * vk2 - GUS_GM / rk;
    double H = rk * ( * vk) * cos( * thetak);
     * p = H * H / (GUS_GM);
     * e = sqrt(1 + 2.0 * Eu * H * H / (GUS_GM * GUS_GM));
    double tmp1 = sqrt((1 - * e) / (1 + * e));
    double E = 2 * atan(tmp1 * tan(0.5 * ( * yita0)));
    tmp = 1 - ( * e) * ( * e);
    tmp = H * H * H / (GUS_GM * GUS_GM * tmp * sqrt(tmp));
    double t0 = (E - ( * e) * sin(E));
    E = atan(tmp1 * tan(0.5 * (phai + * yita0)));
    if (E < 0)E = E + GUS_PI;
    E = 2 * E;
     * t = tmp * ((E - ( * e) * sin(E)) - t0);//fly time
}
```

附录 2.2　根据经纬度计算火箭被动段椭圆轨迹的 C 语言程序

```
int cal_ellipse_range_time(double &range, double &t, double &yita0, double &vk, double &thetaHk,
double &e,double &p, double &angA,double pk[3],double tk, double Lc, double Bc, double Ld, double Bd)
    {
        //根据发射点经纬度、落点经纬度、关机点位置,设计标准弹道,即估算射程和飞行时间,以及椭圆
        //轨道的参数
        //该方法在给定关机点位置(关机点位置是相对于发射点坐标系的)时可以将点的 x、z 坐标赋 0
        //值,同时主动段飞行时间赋 0 值,这时得到的结果就忽略了主动段和再入段的射程
        //否则该算法是可以考虑主动段飞行时间和射程的,同时再入段射程用主动段射程来近似估计
        //
        //input parameters;
        //double hk, 关机点高度,m
        //double Lc, 发射点经度,东经为正,西经为负,rad
        //double Bc, 发射点纬度,北半球为正,南半球为负,rad
        //double Ld, 落点经度,东经为正,西经为负,rad
        //double Bd,落点纬度,北半球为正,南半球为负,rad

        //output parameters
        //double &range, 射程,m
        //double &t, 飞行时间,s
        //double &yita0, 关机时的火箭位置矢量地心角,rad
        //double &vk, 关机速度,m/s
        //double &e, 椭圆轨道偏心率
        //double &H,开普勒常数,m^2/s
        //double &p, 椭圆轨道方程的分子,m
        //double &A,火箭发射方位角,rad

        int counter = 0;
        double  phai, dl,range1, angN;
        double sBc, sBd, cBc, cBd,sphai,cphai;
        double xz,rk,hk,beta_gama;

        angN = cal_angle_N(Lc, Ld, 0);
        sBc = sin(Bc);
        sBd = sin(Bd);
        cBc = cos(Bc);
        cBd = cos(Bd);
        phai = acos(sBc * sBd + cBc * cBd * cos(angN));
        range = GUS_R0 * phai;
        xz = pk[0] * pk[0] + pk[2] * pk[2];
        rk = (pk[1] + GUS_R0);
        rk = sqrt(xz +  rk * rk);//rk = sqrt(xk * xk + (yk + GUS_R0) * (yk + GUS_R0) + zk * zk)
```

```
        xz = sqrt(xz);//xz = sqrt(xk * xk + zk * zk)
        beta_gama = asin(xz / rk);
        hk = rk - GUS_R0;
        do {
            if (counter > 100) break;
            yita0 = GUS_PI - phai * 0.5 + beta_gama;
            cal_ellipse_trajectory_parameters(&yita0, &vk, &thetaHk,&e,  &p,&t, phai - 2 * beta_
gama, hk);
            angN = cal_angle_N(Lc, Ld, t + 1.5 * tk);//近似认为再入段飞行时间是主动段的一半
            cphai = sBc * sBd + cBc * cBd * cos(angN);
            phai = acos(cphai);
            range1 = GUS_R0 * phai;
            dl = fabs(range1 - range);
            range = range1;
            counter + + ;
        }while (dl>1e-2);
        sphai = sin(phai);
        double sa = sin(angN) * cBd / sphai;
        double ca = (sBd - cphai * sBc) / (sphai * cBc);
        angA = atan2(sa, ca);
        if (counter > 100)
            return 1;
        else
            return 0;
    }
```

第 3 章　飞行程序设计

飞行程序设计是运载火箭和弹道导弹技术的重要内容之一，在设计阶段，需要初步确定一个飞行程序模板用于总体设计参数的确定，此时的飞行程序不需要考虑火箭的攻角，所以只需要用弹道倾角来描述飞行程序就可以了。在实际飞行时，需要一个更加精确的飞行程序来实现主动段的飞行控制，此时，火箭的攻角是一个关键的因素，为了便于控制，读者可以采用火箭的俯仰角来描述飞行程序。从原理上讲，运载火箭的飞行程序和弹道导弹的飞行程序并没有本质的差别，但发射特殊任务时，运载火箭末级常有再次点火的需要。这一章将讨论飞行程序设计的一般方法。

3.1　用于运载火箭设计的飞行程序

3.1.1　用质量比表示的飞行程序

在运载火箭和弹道导弹方案设计时，不需要考虑火箭的飞行攻角，为了便于设计分析，这里用火箭的弹道倾角 θ 来表示飞行程序。在仿真时，大家关心火箭的弹道倾角随时间的变化情况；但在设计阶段，大家更关心飞行过程中弹道倾角 θ 和设计参数间的关系。为了进一步讨论，首先定义运载火箭的质量比

$$\mu=\frac{m}{m_0} \tag{3-1}$$

其中，m 是火箭当前的质量，m_0 是火箭起飞时的总质量。

火箭刚起飞时，显然有

$$\mu=1$$

关机时的火箭质量比是一个重要的参数，记为 μ_k：

$$\mu_k=\frac{m_k}{m_0} \tag{3-2}$$

其中，m_k 是指火箭关机时的结构质量，俗称火箭的干重。

设计阶段，直接用弹道倾角来表示火箭的飞行程序，由于运载火箭和弹道导弹形体都比较大，所以起飞时一般先垂直起飞，然后转弯，最后进入瞄准飞行段。飞行程序的一般形式绘制成曲线如图 3-1 所示。

于是定义飞行程序如下。

(1) $1\sim\mu_1$垂直起飞段

$$\theta(\mu)=\frac{\pi}{2}$$

(2) $\mu_1\sim\mu_2$程序转弯段

$$\theta(\mu)=a\mu^2+b\mu+c \tag{3-3}$$

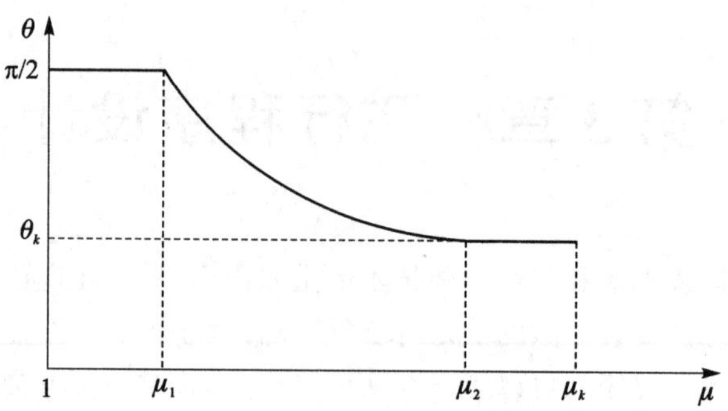

图 3-1　运载火箭的飞行程序

(3) $\mu_2 \sim \mu_k$ 瞄准段 $\theta(\mu)=\theta_k$

下面详细讨论转弯段的飞行程序。由式(3-3)可知,转弯段的飞行程序是包含三个参数的二次函数,采用三个边界条件可以确定出这些参数。

当 $\mu=\mu_1$ 时,保证飞行程序连续,得到

$$\theta=\frac{\pi}{2}=a\mu_1^2+b\mu_1+c$$

当 $\mu=\mu_2$ 时,保证飞行程序连续,得到

$$\theta=\theta_k=a\mu_2^2+b\mu_2+c$$

当 $\mu=\mu_2$ 时,保证飞行程序一阶导数连续,得到

$$\frac{\mathrm{d}\theta}{\mathrm{d}\mu}=0=2a\mu_2+b$$

联立前面的方程求出参数 a、b 和 c 并代入方程(3-3),得到转弯段的飞行程序为

$$\theta(\mu)=\frac{\frac{\pi}{2}-\theta_k}{(\mu_1-\mu_2)^2}(\mu-\mu_2)^2+\theta_k \tag{3-4}$$

其中,μ_1、μ_2 和 θ_k 的取值决定了飞行程序的形状。一般认为 μ_k 大约为 0.2,当 $\mu=0.3\sim0.5$ 时,飞行方案曲线很接近水平直线,所以在概念设计中一般情况下可以粗略地取如下经验值:

$$\mu_1=0.95,\quad \mu_2=0.45\sim0.35,\quad \theta_k=\theta_{\mathrm{opt}}$$

归纳得到用 μ 表示的完整的飞行程序为

$$\left.\begin{aligned}&\theta(\mu)=\frac{\pi}{2}, && \mu_1<\mu\leqslant1\\ &\theta(\mu)=\frac{\frac{\pi}{2}-\theta_k}{(\mu_1-\mu_2)^2}(\mu-\mu_2)^2+\theta_k, && \mu_2<\mu\leqslant\mu_1\\ &\theta(\mu)=\theta_k, && \mu_k\leqslant\mu\leqslant\mu_2\end{aligned}\right\} \tag{3-5}$$

3.1.2　用飞行时间表示的飞行程序

飞行程序可以写成时间的函数,假定火箭飞行过程中推进剂秒消耗量是常数,即

$$q_m=\mathrm{const}=\frac{m_0-m_k}{t_k} \tag{3-6}$$

其中，t_k 是主动段的飞行时间。那么飞行过程中的火箭质量比可以表示为

$$\mu = \frac{m_0 - q_m t}{m_0} = 1 - (1 - \mu_k)\frac{t}{t_k} \tag{3-7}$$

于是得到

$$\mu_1 = 1 - (1 - \mu_k)\frac{t_1}{t_k}$$

$$\mu_2 = 1 - (1 - \mu_k)\frac{t_2}{t_k}$$

所以

$$\mu_1 - \mu_2 = \frac{1 - \mu_k}{t_k}(t_2 - t_1)$$

$$\mu - \mu_2 = \frac{1 - \mu_k}{t_k}(t_2 - t)$$

将上面两个表达式代入式(3-4)得到

$$\theta(t) = \frac{\frac{\pi}{2} - \theta_k}{(t_2 - t_1)^2}(t_2 - t)^2 + \theta_k \tag{3-8}$$

其中，t_i 与 $\mu_i(i=1,2)$的关系为

$$\left.\begin{aligned} t_1 &= \frac{1 - \mu_1}{1 - \mu_k} t_k \\ t_2 &= \frac{1 - \mu_2}{1 - \mu_k} t_k \end{aligned}\right\} \tag{3-9}$$

将飞行程序的完整形式记为

$$\left.\begin{aligned} &\theta(t) = \frac{\pi}{2}, & 0 < t \leqslant t_1 \\ &\theta(t) = \frac{\frac{\pi}{2} - \theta_k}{(t_2 - t_1)^2}(t_2 - t)^2 + \theta_k, & t_1 < t \leqslant t_2 \\ &\theta(t) = \theta_k, & t_2 \leqslant t \leqslant t_k \end{aligned}\right\} \tag{3-10}$$

这样，大家看到了运载火箭飞行程序的两种形式，一种是关于质量比的，如式(3-5)所示；另一种是关于飞行时间 t 的，如式(3-10)所示。当然，当 μ_k 粗略确定了以后，大家可以首先采用式(3-5)所给定的飞行程序模板来优化参数 μ_1、μ_2 和 μ_k。

3.2　考虑攻角的飞行程序设计

运载火箭和弹道导弹在飞行时，只在俯仰通道中做较大的机动，所以更一般的情况是采用俯仰角来表示主动段的飞行程序，3.1 节介绍的飞行程序模板中只考虑了弹道倾角 θ，这是为了抓住主要矛盾，便于设计分析。当设计进展到一定阶段后，大家需要在仿真验证中考虑运载火箭和弹道导弹的姿态角和攻角，这个时候单单用弹道倾角来描述飞行程序就不够用了。下面将详细地介绍另外一种以俯仰角表示的飞行程序的设计方法。

3.2.1 飞行程序俯仰角的选择原则

考虑到运载火箭和弹道导弹这类飞行器的飞行特点，并参见参考文献[1]，在设计飞行程序时推荐采用以下基本原则：

① 采用垂直发射。运载火箭和弹道导弹一般形体较大，起飞时速度较慢，加速过程也较慢，选择垂直发射，一方面可以缩短穿越稠密大气的航程，另一方面便于实现姿态的稳定，还有一个重要的作用是便于调整射击方向。

② 俯仰角是时间的连续函数，由于箭/弹体形体大，质量大，所以不适合做大的机动，俯仰角速率应限制在控制系统所能承受的范围内。

③ 在稠密大气中飞行时要求以接近0°的攻角飞行，以减小气动载荷和气动干扰。

④ 尽可能降低最大速度头和减少穿越稠密大气层的时间，以减小横向过载和蒙皮温度载荷。

⑤ 为火箭的分离创造条件，即保证级间段分离时，火箭/导弹必须达到一定的高度和保持小的攻角。

⑥ 尽量减小动力段的能量损失并且要提高制导精度。

⑦ 考虑子级落点区域。

⑧ 考虑外弹道测量的限制。

运载火箭和弹道导弹的程序飞行段可以被分为大气飞行段和真空飞行段。飞行程序设计时，大气飞行段又被划分成垂直段、亚声速段、弹道转弯段和关机分离段，大气飞行段一般是指第一级火箭的飞行阶段，真空飞行段则是指第二级及以上各级火箭的飞行时段。

3.2.2 大气飞行段的飞行程序

从起飞到 t_1 时刻为垂直飞行段，飞行程序角为

$$\phi_{cx} = \frac{\pi}{2}$$

该段飞行时间用下面的公式估算：

$$t_1 = \sqrt{\frac{40\nu_0}{1-\nu_0}} \tag{3-11}$$

其中，ν_0 是运载火箭/弹道导弹的起飞重推比，当 $\nu_0=0.6$ 时，$t_1=7.746\ \mathrm{s}$。

接下来的一段称为亚声速段，是指从时间 t_1 到飞行马赫数 $Ma=0.7\sim0.8$ 的这段飞行，一般运载火箭/弹道导弹在该段开始程序转弯。为了利用气动力帮助火箭/导弹转弯，这段被设计成以负攻角飞行，飞行攻角模板为

$$\alpha(t) = 4\bar{\alpha}\mathrm{e}^{a(t_1-t)}\left[\mathrm{e}^{a(t_1-t)}-1\right] \tag{3-12}$$

其中，$\bar{\alpha}$ 是亚声速段攻角的最大值；a 为常系数，可以初步取0.1，该系数可以作为弹道优化参数。当 $\bar{\alpha}=3°$，$a=0.1$，$\nu_0=0.6$ 时，攻角的变化曲线如图3-2所示。

对式(3-12)求导数得到

$$\frac{\mathrm{d}\alpha(t)}{t} = -4a\bar{\alpha}\mathrm{e}^{a(t_1-t)}\left[2\mathrm{e}^{a(t_1-t)}-1\right]$$

令

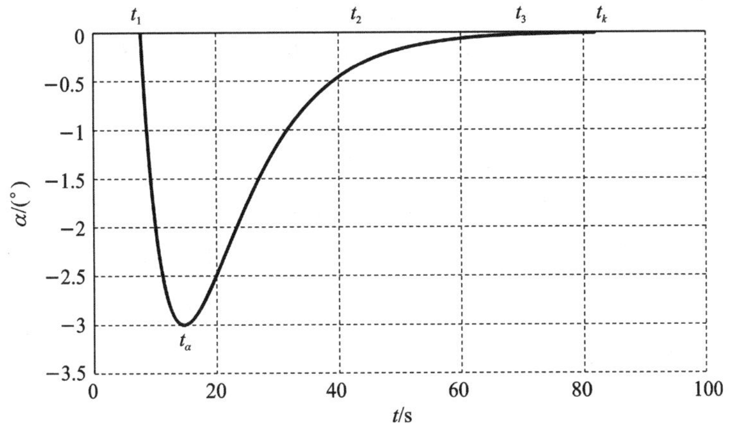

图 3-2　攻角变化曲线

$$\frac{\mathrm{d}\alpha(t)}{t}=0$$

可以求出攻角达到负的最大值的时刻，记为 t_α

$$t_\alpha=t_1+\frac{\ln 2}{a} \tag{3-13}$$

式(3-13)表明，时间 $t_\alpha \sim t_1$ 的间隔的大小取决于参数 a，间接表示了火箭俯仰通道机动的加速特性。当取 $a=0.1$ 时，$t_\alpha=14.678$ s。

接下来的飞行段被称为弹道转弯段($t_2 \sim t_3$)，在这段导弹以接近零的攻角飞行穿越大气层，以减小气动载荷和气动干扰。飞行程序的数学表达式只是亚声速段的延续，所以与前段采用相同的飞行程序公式。

最后一段是关机分离段($t_3 \sim t_k$)，该段有两种飞行程序设计方法可供采用：一种是以零攻角飞行，飞行程序方程仍然是前面程序方程的继续；另一种是俯仰角按某个常值姿态角飞行。究竟选择哪一种方式，需要根据级间分离的控制条件来确定。归纳以上内容可以将飞行程序定为如下两种：

$$\left.\begin{aligned}&\phi_{\mathrm{cx}}=\frac{\pi}{2}, && 0<t\leqslant t_1\\&\phi_{\mathrm{cx}}=\theta_{\mathrm{cx}}(t)+\alpha_{\mathrm{cx}}(t), && t_1<t\leqslant t_k\end{aligned}\right\} \tag{3-14}$$

和

$$\left.\begin{aligned}&\phi_{\mathrm{cx}}=\frac{\pi}{2}, && 0<t\leqslant t_1\\&\phi_{\mathrm{cx}}=\theta_{\mathrm{cx}}(t)+\alpha_{\mathrm{cx}}(t), && t_1<t\leqslant t_3\\&\phi_{\mathrm{cx}}=\phi_k, && t_3<t\leqslant t_k\end{aligned}\right\} \tag{3-15}$$

3.2.3　真空飞行段的飞行程序

多级火箭的第二和第三级火箭的飞行弹道已经完全在稀薄大气中飞行，空气动力对俯仰角的影响可以忽略。对于运载火箭，此时选择飞行程序角只需要根据发射任务来考虑；对于弹道导弹，则应从提高导弹的射程和减小弹头的落地散布来考虑。考虑到整个动力段的飞行高

度和射程相对于地球半径来说很小，所以为了简化分析，只需讨论重力场为平行力场、重力加速度为常值条件下的情况。在弹道平面内将射程写为弹道参数(关机点参数)的函数为

$$L=f(x_k,y_k,v_{xk},v_{yk}) \tag{3-16}$$

对射程方程进行变分

$$\delta L=\frac{\partial L}{\partial x_k}\delta x_k+\frac{\partial L}{\partial y_k}\delta y_k+\frac{\partial L}{\partial v_{xk}}\delta v_{xk}+\frac{\partial L}{\partial v_{yk}}\delta v_{yk} \tag{3-17}$$

根据前面介绍的简化条件，对方程(1-34)进行简化，仅保留推力和重力加速度：

$$\left.\begin{aligned}
\frac{\mathrm{d}v_x}{\mathrm{d}t}&=\frac{P}{m}\cos\varphi\\
\frac{\mathrm{d}v_y}{\mathrm{d}t}&=\frac{P}{m}\sin\varphi-g\\
\frac{\mathrm{d}x}{\mathrm{d}x}&=v_x\\
\frac{\mathrm{d}y}{\mathrm{d}x}&=v_y
\end{aligned}\right\} \tag{3-18}$$

然后积分得到关机点 t_k 时的弹道参数为

$$\left.\begin{aligned}
v_{xk}&=v_{x0}+\int_0^{t_k}\frac{P}{m}\cos\varphi\mathrm{d}t\\
v_{yk}&=v_{y0}+\int_0^{t_k}\left(\frac{P}{m}\sin\varphi-g\right)\mathrm{d}t\\
x_k&=x_0+v_{x0}t_k+\int_0^{t_k}(t_k-t)\frac{P}{m}\cos\varphi\mathrm{d}t\\
y_k&=y_0+v_{y0}t_k+\int_0^{t_k}(t_k-t)\left(\frac{P}{m}\sin\varphi-g\right)\mathrm{d}t
\end{aligned}\right\} \tag{3-19}$$

对以上弹道参数变分得到

$$\left.\begin{aligned}
\delta v_{xk}&=-\int_0^{t_k}\frac{P}{m}\sin\varphi\delta\varphi\mathrm{d}t\\
\delta v_{yk}&=\int_0^{t_k}\frac{P}{m}\cos\varphi\delta\varphi\mathrm{d}t\\
\delta x_k&=-\int_0^{t_k}(t_k-t)\frac{P}{m}\sin\varphi\delta\varphi\mathrm{d}t\\
\delta y_k&=\int_0^{t_k}(t_k-t)\frac{P}{m}\cos\varphi\delta\varphi\mathrm{d}t
\end{aligned}\right\} \tag{3-20}$$

将式(3-20)代入式(3-17)得到射程变分为

$$\delta L=\int_0^{t_k}\left[-\frac{\partial L}{\partial x}(t_k-t)\frac{P}{m}\sin\varphi+\frac{\partial L}{\partial y}(t_k-t)\frac{P}{m}\cos\varphi-\frac{\partial L}{\partial v_x}\frac{P}{m}\sin\varphi+\frac{\partial L}{\partial v_y}\frac{P}{m}\cos\varphi\right]\delta\varphi\mathrm{d}t$$

由射程 L 达到极值的必要条件 $\delta L=0$ 得到

$$\left[\frac{\partial L}{\partial x_k}(t_k-t)+\frac{\partial L}{\partial v_{xk}}\right]\sin\varphi=\left[\frac{\partial L}{\partial y_k}(t_k-t)+\frac{\partial L}{\partial v_{yk}}\right]\cos\varphi$$

则最优俯仰角为

$$\varphi(t)=\arctan\frac{\dfrac{\partial L}{\partial y_k}(t_k-t)+\dfrac{\partial L}{\partial v_{yk}}}{\dfrac{\partial L}{\partial x_k}(t_k-t)+\dfrac{\partial L}{\partial v_{xk}}} \tag{3-21}$$

由第 1 章给出的椭圆轨道方程以及射程计算公式，忽略主动段，并忽略再入段大气对射程的影响，由被动段射程计算式(2-13)和式(2-12)不难推导出如下一组偏导数：

$$\left.\begin{aligned}
\frac{\partial L}{\partial x_k}&=\frac{R_0\dfrac{\partial e}{\partial x_k}\cos(\eta_0+\beta_c)-\dfrac{\partial p}{\partial x_k}}{e\sin(\eta_0+\beta_c)}-R_0\frac{\partial\eta_0}{\partial x_k}\\
\frac{\partial L}{\partial y_k}&=\frac{R_0\dfrac{\partial e}{\partial y_k}\cos(\eta_0+\beta_c)-\dfrac{\partial p}{\partial y_k}}{e\sin(\eta_0+\beta_c)}-R_0\frac{\partial\eta_0}{\partial y_k}\\
\frac{\partial L}{\partial v_{xk}}&=\frac{R_0\dfrac{\partial e}{\partial v_{xk}}\cos(\eta_0+\beta_c)-\dfrac{\partial p}{\partial v_{xk}}}{e\sin(\eta_0+\beta_c)}-R_0\frac{\partial\eta_0}{\partial v_{xk}}\\
\frac{\partial L}{\partial v_{yk}}&=\frac{R_0\dfrac{\partial e}{\partial v_{yk}}\cos(\eta_0+\beta_c)-\dfrac{\partial p}{\partial v_{yk}}}{e\sin(\eta_0+\beta_c)}-R_0\frac{\partial\eta_0}{\partial v_{yk}}
\end{aligned}\right\} \tag{3-22}$$

其中，等号右边包含的各个偏导数项也可以根据前面的公式逐一求出，下面来详细介绍。根据前面的假设，近似认为关机速度为

$$\left.\begin{aligned}
v_{xk}&\approx v_k\cos\theta_{Hk}\\
v_{yk}&\approx v_k\sin\theta_{Hk}
\end{aligned}\right\} \tag{3-23}$$

所以式(1-55)可以写成

$$H=r_kv_{xk}$$

式(1-43)可以写成

$$E_U=\frac{v_{xk}^2+v_{yk}^2}{2}-\frac{\mathrm{GM}}{r_k}$$

将这两个公式代入公式(1-54)，整理得到

$$e^2=1+2\left(\frac{v_{xk}^2+v_{yk}^2}{2}-\frac{\mathrm{GM}}{r_k}\right)\left(\frac{r_kv_{xk}}{\mathrm{GM}}\right)^2 \tag{3-24}$$

对式(3-24)求偏导数得到

$$\left.\begin{aligned}
\frac{\partial e}{\partial x_k}&=\frac{v_{xk}^2}{e\mathrm{GM}}\left[\frac{r_k(v_{xk}^2+v_{yk}^2)}{\mathrm{GM}}-1\right]\frac{\partial r_k}{\partial x_k}\\
\frac{\partial e}{\partial y_k}&=\frac{v_{xk}^2}{e\mathrm{GM}}\left[\frac{r_k(v_{xk}^2+v_{yk}^2)}{\mathrm{GM}}-1\right]\frac{\partial r_k}{\partial y_k}\\
\frac{\partial e}{\partial v_{xk}}&=\frac{r_k}{e\mathrm{GM}}\left[\frac{r_k(2v_{xk}^3+v_{yk}^2v_{xk})}{\mathrm{GM}}-2v_{xk}\right]\\
\frac{\partial e}{\partial v_{yk}}&=\frac{r_k^2v_{xk}^2v_{yk}}{e(\mathrm{GM})^2}
\end{aligned}\right\} \tag{3-25}$$

式(3-22)中的 p 为

$$p=\frac{H^2}{\mathrm{GM}}=\frac{r_k^2 v_{xk}^2}{\mathrm{GM}} \tag{3-26}$$

对式(3-26)求偏导数得到

$$\left.\begin{aligned}\frac{\partial p}{\partial x_k}&=\frac{2r_k v_{xk}^2}{\mathrm{GM}}\frac{\partial r_k}{\partial x_k}\\\frac{\partial p}{\partial y_k}&=\frac{2r_k v_{xk}^2}{\mathrm{GM}}\frac{\partial r_k}{\partial y_k}\\\frac{\partial p}{\partial v_{xk}}&=\frac{2v_{xk}r_k^2}{\mathrm{GM}}\\\frac{\partial p}{\partial v_{yk}}&=0\end{aligned}\right\} \tag{3-27}$$

将式(3-23)代入式(2-11),并改变形式得到

$$\tan\eta_0=\frac{r_k v_{xk} v_{yk}}{r_k v_{xk}^2-\mathrm{GM}} \tag{3-28}$$

对式(3-28)求偏导数得到

$$\left.\begin{aligned}\frac{\partial\eta_0}{\partial x_k}&=\frac{(v_{xk}v_{yk}-v_{xk}^2\tan\eta_0)\cos^2\eta_0}{r_k v_{xk}^2-\mathrm{GM}}\frac{\partial r_k}{\partial x_k}\\\frac{\partial\eta_0}{\partial y_k}&=\frac{(v_{xk}v_{yk}-v_{xk}^2\tan\eta_0)\cos^2\eta_0}{r_k v_{xk}^2-\mathrm{GM}}\frac{\partial r_k}{\partial y_k}\\\frac{\partial\eta_0}{\partial v_{xk}}&=\frac{(r_k v_{yk}-2r_k v_{xk}\tan\eta_0)\cos^2\eta_0}{r_k v_{xk}^2-\mathrm{GM}}\\\frac{\partial\eta_0}{\partial v_{yk}}&=\frac{r_k v_{xk}\cos^2\eta_0}{r_k v_{xk}^2-\mathrm{GM}}\end{aligned}\right\} \tag{3-29}$$

只考虑平面中的情况,显然有火箭的位置为

$$r_k^2=x_k^2+(R_0+y_k)^2 \tag{3-30}$$

其中,R_0 为地球的平均半径,对式(3-30)求偏导数得到

$$\left.\begin{aligned}\frac{\partial r_k}{\partial x_k}&=\frac{x_k}{r_k}\\\frac{\partial r_k}{\partial y_k}&=\frac{R_0+y_k}{r_k}\end{aligned}\right\} \tag{3-31}$$

将式(3-22)、式(3-25)、式(3-27)和式(3-29)等各项偏导数代入到式(3-21),并编制计算程序,以射程为 3 000 km 的导弹为例,由式(3-21)绘制的俯仰角 $\varphi(t)$ 的曲线如图 3-3 所示,曲线表明,$\varphi(t)$ 近似为一条直线,而且更改射程会得到类似的结论。

式(3-21)中求偏导数的工作很复杂,为了简化飞行程序设计,直接对上式简化处理,采用常系数代替偏导数,得到

$$\varphi_{\mathrm{cx}}(t)=\arctan\frac{A+Bt}{1+Ct} \tag{3-32}$$

在实际弹道设计时可以采用优化方法确定参数 A、B、C,显然如果优化正确,最终得到的飞行程序曲线也必然十分接近线性的。

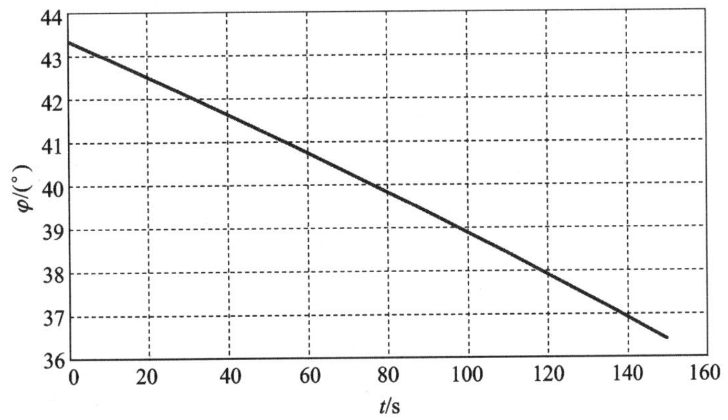

图 3-3　真空中火箭的理论最优俯仰角

进一步考察式(3-21)和式(3-32)，得到各个参数和偏导数的关系如下：

$$\begin{cases} A = \dfrac{\dfrac{\partial L}{\partial y_k}t_k + \dfrac{\partial L}{\partial v_{yk}}}{\dfrac{\partial L}{\partial x_k}t_k + \dfrac{\partial L}{\partial v_{xk}}} \\ B = \dfrac{-\dfrac{\partial L}{\partial y_k}}{\dfrac{\partial L}{\partial x_k}t_k + \dfrac{\partial L}{\partial v_{xk}}} \\ C = \dfrac{-\dfrac{\partial L}{\partial x_k}}{\dfrac{\partial L}{\partial x_k}t_k + \dfrac{\partial L}{\partial v_{xk}}} \end{cases}$$

显然，关机的位置对最终射程的影响小，关机的速度对最终射程的影响大，所以相比于 $\dfrac{\partial L}{\partial v_{xk}}$和$\dfrac{\partial L}{\partial v_{yk}}$，$\dfrac{\partial L}{\partial x_k}$和$\dfrac{\partial L}{\partial y_k}$十分小。结合实际的算例分析可知，参数 A 是(0,1)中间的数，为 0.5 左右；B 是一个很小的负数，约为-0.001；而 C 是一个特别小的负数，比 B 小 3 个数量级左右，可以近似认为 $C=0$。综上所述，为了简化问题，也可以将式(3-32)进一步简化为

$$\varphi_{cx}(t) = A + Bt \tag{3-33}$$

或者写成如下具有物理意义的表达式：

$$\varphi_{cx}(t) = \varphi_{cx0} + \dot{\varphi}_{cx}t \tag{3-34}$$

当知道起始和终了俯仰角时，采用上面的线性关系可以极大简化真空段飞行程序的设计工作，并获得足够高的精度。

3.2.4　全弹道俯仰程序的选择

根据前面的分析，二级火箭的完整的俯仰角飞行程序可以写成如下函数形式：

$$\phi_{cx}(t) = f(t_1, \bar{\alpha}, a, \phi_{cx0}, \dot{\phi}_{cx}) \tag{3-35}$$

由于参数 t_1 由重推比确定，参数 a 对飞行程序的影响不大，通常取 $a=0.1$，于是全弹道飞行

程序可以用 3 个参数表示为

$$\phi_{cx}(t)=f(\bar{\alpha},\phi_{cx0},\dot{\phi}_{cx}) \tag{3-36}$$

对于多级火箭，每增加一级火箭，就需要增加两个飞行程序参数：ϕ_{cx0} 和 $\dot{\phi}_{cx}$。实际应用中可以采用优化方法，以射程最大和落点散布最小为目标进行优化求解，推荐以下目标函数

$$\min J=k_1\frac{L_d}{L}+k_2\frac{\Delta L}{0.1L_d} \tag{3-37}$$

其中，L_d 为期望的射程；L 为通过仿真计算得到的射程，计算方法参考 2.1 节；ΔL 为射程偏差，计算公式参考 2.3.5 小节的式(2-52)；k_1 和 k_2 是 0～1 之间的权重因子，$k_1+k_2=1.0$。

推荐的约束条件如下：

① $\theta_k=\theta_k^*$，关机点处的弹道倾角为最优弹道倾角；

② $q\leqslant q_{max}$，飞行的速度头小于最大速度头；

③ 横向过载约束。

3.3 运载火箭的飞行轨道设计

3.3.1 卫星轨道简介

运载火箭的重要任务是实现航天器(如人造卫星)的发射，航天器的轨道通常有椭圆轨道和圆轨道两种。就卫星而言，按照不同的分类方法，可以得到卫星轨道的不同的称谓。按高度可以将卫星轨道分为三种，高度在 500 km 以下的被称为低轨道，高度在 1 000 km 左右的被称为中轨道，高度在数千 km 到数万 km 的被称为高轨道。按照参考基准分类，有地球同步轨道和太阳同步轨道。地球同步轨道是指轨道周期与地球自转周期相同、轨道平面与地球赤道平面重合的圆轨道，其周期为 86 164.1 s，轨道上的点距地心的距离为 42 164.174 km，相对赤道高度为 35 786.034 km(相对 IAG-75 标准地球)。对于太阳同步轨道，卫星轨道是绕地球自转轴运行的，其轨道平面方向与地球公转方向相同，旋转角速度等于地球绕太阳公转的平均角速度。

卫星轨道包含有 6 个基本轨道要素(见图 3-4)：

① a——半长轴，是确定圆锥曲线轨道大小的参数；

② e——偏心率，是确定圆锥曲线轨道形状的参数；

③ i——轨道倾角，是地心赤道平面(或天赤道平面)与轨道平面的夹角，即单位矢量 $\boldsymbol{K}$ 与 $\boldsymbol{Z}$ 的夹角；

④ Ω——升交点黄经，是航天器由南向北穿过基准面的点(升交点)矢径与基准面内单位矢量 $\boldsymbol{I}$(指向春分点)间的夹角。在北半球看，由 $\boldsymbol{I}$ 反时针方向转到升交点为正。

⑤ ω——近拱点角距，是在轨道平面内由升交点至近拱点轨道的转角，按航天器运动方向度量。

⑥ τ——航天器在近拱点的时刻。

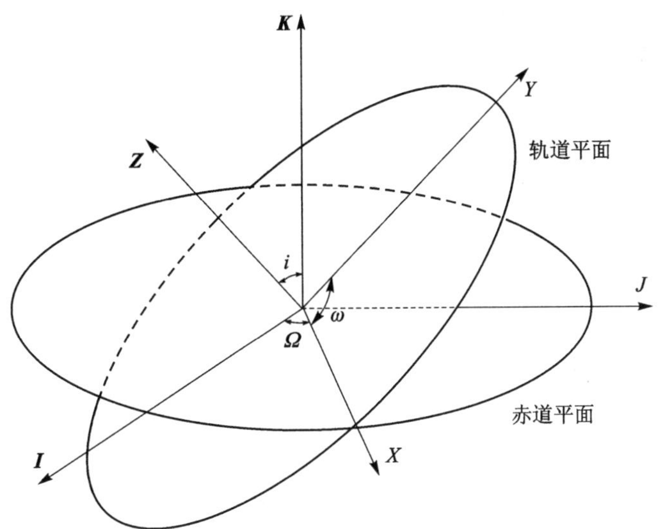

图 3-4　基本轨道要素示意图

3.3.2　运载火箭轨道的基本形式

在实现卫星发射时，运载火箭的飞行轨道有两种基本形式：连续推力发射轨道和具有中间轨道的发射轨道。连续推力发射轨道一般被用于发射低轨卫星，选择合理的推力可以达到好的运载性能，轨道形状如图 3-5 所示；具有中间轨道的发射轨道是多数卫星发射的常用方式，适合发射中高轨道的卫星，最常采用的中间轨道为椭圆轨道，轨道形状如图 3-6 所示。

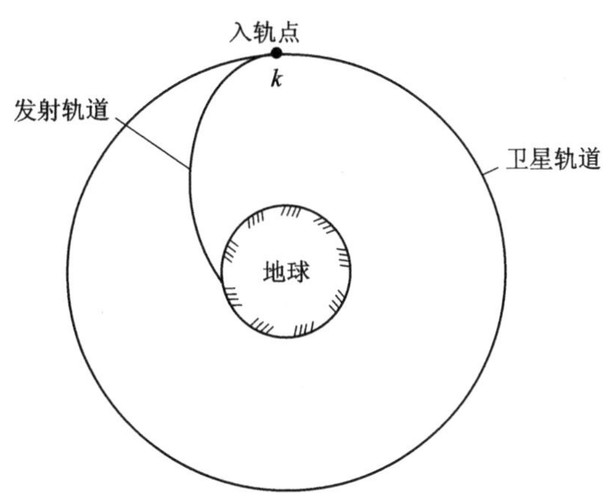

图 3-5　连续推力发射轨道

如图 3-6 所示，在具有中间轨道的发射轨道中，当 k_1 位于中间轨道的近地点、k_2 位于中间轨道的远地点时，称为最佳转移(也叫霍曼转移)，此时 k_1 和 k_2 之间的地心夹角约为 180°，入轨航程较长。

发射轨道也可以具备两个中间轨道，当在非赤道区域发射地球同步卫星时，就需要使用第二个中间轨道，如图 3-7 所示。在发射地球同步卫星时，第一中间轨道又叫停泊轨道，第二中间轨道又叫转移轨道或过渡轨道。当采用两个转移轨道发射方式发射地球同步卫星时，被称为有停泊轨道的地球同步卫星发射，而只有一个转移轨道的发射方式被称为无停泊轨道的地球同步卫星发射方式。

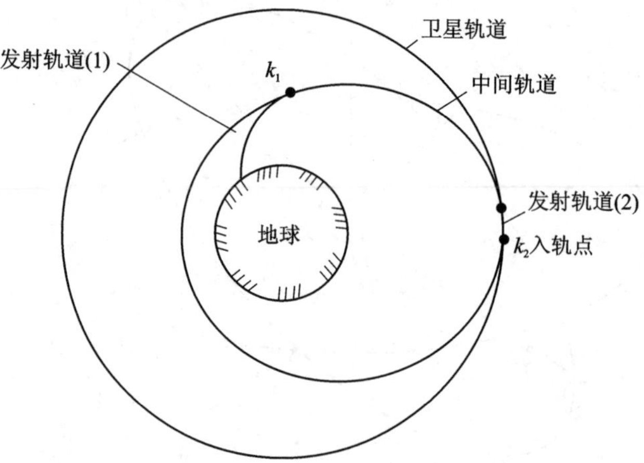

图 3-6　具有中间轨道的发射轨道

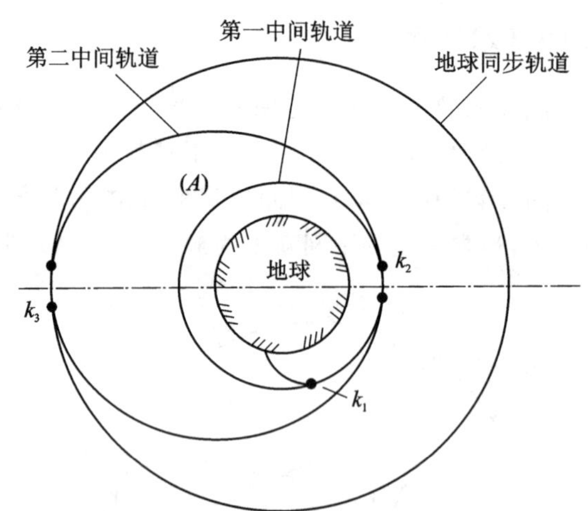

图 3-7　有两个中间轨道的发射轨道

3.3.3　设计案例——地球同步卫星发射轨道的设计

1. 发射过程描述

① 火箭发射起飞，经前动力段弹道在 k_1 点进入停泊轨道；

② 在停泊轨道上滑行到 k_2 点；

③ 火箭发动机再次点火，在后动力段 k_2k_3 加速，达到预定速度后火箭与卫星分离，卫星进入转移轨道；

④ 当卫星运行到转移轨道远地点附近时，卫星上的远地点发动机点火工作，卫星进入地球同步轨道。

地球同步轨道要求轨道倾角为零，在非赤道区发射地球同步卫星时必须要求转移轨道的半长轴在地球赤道平面内，即转移轨道的近地点幅角为 0°或 180°，即 $\omega=0°$或 180°。

具有停泊轨道的发射轨道如图 3－8 所示。

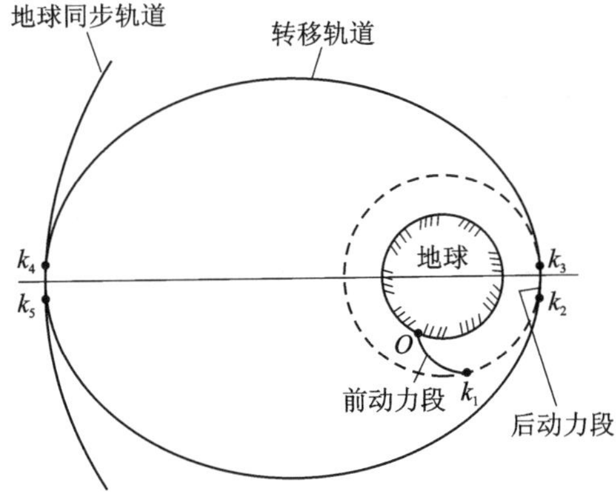

图 3－8　具有停泊轨道的发射轨道

停泊轨道可以采用三种形式：圆轨道、椭圆轨道和亚轨道（近地点高度为负值的椭圆轨道，这种轨道能量要求低）。停泊轨道通常是圆轨道。转移轨道参数包括：近地点高度 h_p、远地点高度 h_a 和近地点幅角 ω，由于同步定点的要求，必须保证 $\omega=0°$或 $180°$。

2. 运载火箭俯仰角程序的选择

采用三级火箭发射，三级火箭的弹道可以分为五段：

第一段：一级火箭飞行弹道，z_1 段；

第二段：二级火箭飞行弹道，z_2 段；

第三段：三级火箭的第一次工作段，z_3 段，前三段合在一起对应于 Ok_1 段；

第四段：停泊轨道滑行段，z_4 段，即 k_1k_2 段；

第五段：三级火箭的第二次工作段，z_5 段，即 k_2k_3 段；

第一段飞行程序：

$$\phi_{cx}(t)=\begin{cases}\dfrac{\pi}{2}, & t\leqslant t_1\\ \alpha+\theta+\omega_z t, & t_1<t\leqslant t_2\\ \phi_{cxz_1}, & t>t_2\end{cases}$$

其中，α 为攻角，$\alpha(t)=4\bar{\alpha}\mathrm{e}^{a(t_1-t)}[\mathrm{e}^{a(t_1-t)}-1]$；

ϕ_{cxz_1} 为第一段终点时的常值飞行程序角。

第二、三、五段的飞行程序如下：

采用时间的线性函数描述飞行程序，各段轨迹连接处一般安排常值姿态段，用公式表示为

$$\phi_{cx}(t)=\begin{cases}\phi_{cx1,i}, & t\leqslant t_{1,i}\\ \phi_{cx1,i}+\dot{\phi}_{cx,i}(t-t_{1,i}), & t_{1,i}<t\leqslant t_{2,i}\\ \phi_{cx2,i}, & t>t_{2,i}\end{cases}$$

其中，$i=2,3,5$。

第四段停泊段的飞行程序如下：

$$\phi_{cx}(t)=\begin{cases}\phi_{cx2,3}+(\phi_{cx2,4}-\phi_{cx2,3})\dfrac{t-t_{0,4}}{t_{2,4}-t_{0,4}}, & t_{0,4}<t\leqslant t_{2,4}\\ \phi_{cx2,4}, & t>t_{2,4}\end{cases}$$

其中　$\phi_{cx2,3}$——第三段终点的俯仰角；

$\phi_{cx2,4}$——停泊段终点的俯仰角；

$t_{0,4}$——滑行段开始的时间。

第二、三、四和五段的飞行程序如图 3-9 所示。

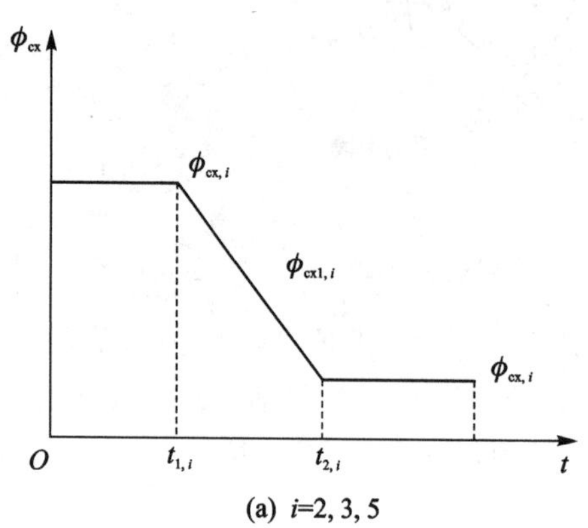

(a) i=2, 3, 5

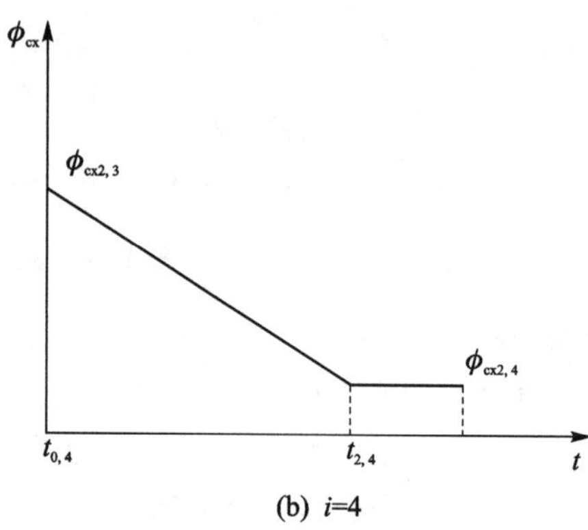

(b) i=4

图 3-9　俯仰角程序

归纳前面的内容，运载火箭的全弹道俯仰角程序的参数包括：$\bar{\alpha}$，$\dot{\phi}_{cx,2}$，$\dot{\phi}_{cx,3}$，$\dot{\phi}_{cx,5}$，$\phi_{cx2,4}$。另外，为保证入轨条件，还需要确定如下参数：

m_{z_3}——第三级火箭首次关机质量；

m_{z_5}——第三级火箭第二次关机质量；

t_w——停泊轨道飞行时间。

以上参数中，$\bar{\alpha}$ 是决定第一级弹道的主要参数，根据落点安全范围的限制，首先确定它，这样余下 7 个参数，可以由停泊点入轨条件和转移轨道入轨条件进行确定，具体求解模型的建立需要根据卫星轨道设计的相关知识来进行。

习　　题

1. 什么是运载火箭的质量比？它的变化范围是什么？

2. 在运载火箭概念设计阶段，一般采用什么角度来描述飞行程序？在程序转弯段，教程中推荐采用什么曲线来描述飞行程序？确定程序转弯段飞行程序的三个条件分别是什么？

3. 式(3-5)所表示的飞行程序中，θ_k 的含义是什么？如何确定该角度？

4. 参考 3.1.2 小节的内容，结合质量比的定义，推导并理解飞行时间 t 与运载火箭质量比 μ 的对应关系。

5. 设计以俯仰角表示的飞行程序时，需要考虑哪些基本原则？

6. 以俯仰角表示飞行程序时，通常考虑得更细致，其中大气飞行段一般包含哪几个部分？

7. 第二、三级运载火箭飞行程序中，俯仰角推荐采用什么形式的函数近似？

第4章　运载火箭总体设计参数

4.1　设计参数的确定

运载火箭/弹道导弹是能够完成一定飞行任务的复杂系统，所以该系统的主要设计参数是具有一些特性的参数，通过它们不仅可以确定运载火箭/弹道导弹的飞行轨迹特性或弹道特性，而且还可以确定运载火箭/弹道导弹的推力特性和基本结构特性。其中飞行轨迹特性包括关机点的高度和速度等，导弹飞行的弹道特性除了关机点的高度速度外，还包含射程；运载火箭/弹道导弹的推力特性则是指起飞时的地面有效推力；运载火箭/弹道导弹的基本结构特性则是指箭体的总质量、长度、直径等。

运载火箭/弹道导弹是复杂的系统，一方面，设计变量很多，为了实现该系统的设计，就必须抓住主要矛盾；另一方面，各个设计变量之间还存在着千丝万缕的联系，所以采用无量纲化处理手法可以简化设计问题，凸显设计问题的本质，帮助设计人员理清设计思路。

如前所述，归根结底设计出来的运载火箭/弹道导弹系统是为了完成一定的飞行任务，为了体现设计参数与飞行特性之间的关系，大家首先从运载火箭/弹道导弹的运动方程入手来展开设计问题的讨论。为抓住主要矛盾，首先考察简化运动方程(1－29)，将该运动方程中的第一个方程即速度方程摘录如下：

$$\frac{\mathrm{d}v}{\mathrm{d}t}=\frac{P-D}{m}-g\sin\theta \tag{4-1}$$

将推力公式用真空推力表示为

$$P=P_{\mathrm{v}}-S_{\mathrm{a}}p \tag{4-2}$$

其中，P_{v} 是真空中的推力，S_{a} 是尾喷管的喷口面积，p 是当前的大气压。

将式(4－2)代入式(4－1)得到关于速度的运动方程

$$\frac{\mathrm{d}v}{\mathrm{d}t}=\frac{P_{\mathrm{v}}}{m}-g\sin\theta-\frac{D}{m}-\frac{S_{\mathrm{a}}p}{m} \tag{4-3}$$

将公式两边积分得到

$$v=\int_0^{t_k}\frac{P_{\mathrm{v}}}{m}\mathrm{d}t-\int_0^{t_k}g\sin\theta\mathrm{d}t-\int_0^{t_k}\frac{D}{m}\mathrm{d}t-\int_0^{t_k}\frac{S_{\mathrm{a}}p}{m}\mathrm{d}t \tag{4-4}$$

将式(4－4)简单记为

$$v=v_{\mathrm{id}}-\Delta v_1-\Delta v_2-\Delta v_3 \tag{4-5}$$

式(4－5)表示火箭的飞行速度可以表示为理想速度与各个修正量之差。显然，飞行速度受质量 m、推力 P_{v}、气动阻力 D、发动机的特性 $S_{\mathrm{a}}p$、飞行的弹道倾角 θ 以及飞行时间 t 的影响，从设计的角度考虑，这些参数多而且关系复杂，直接以这些量为设计参数显然不合适。如何简化设计过程呢？基本思路是通过无量纲化处理，力图找到一些关键量，使得这些关键量既与飞行速度之间有关系，又与结构特征量之间有关系。

4.1.1 关于主动段飞行时间的讨论

下面探讨关于主动段飞行时间的问题。飞行时间 t 对于设计问题来说，并不是一个便于使用的设计量，但大家知道，运载火箭/弹道导弹在飞行的时候，其质量是随时间变化的，而且这个变化是相当显著的。在这里笔者引入一个新的参数——质量比。质量比被定义为

$$\mu = \frac{m}{m_0} \tag{4-6}$$

其中，m 是运载火箭/弹道导弹的当前质量，m_0 是火箭起飞时的总质量。当运载火箭/弹道导弹的燃料耗尽时，有

$$\mu_k = \frac{m_k}{m_0} \tag{4-7}$$

其中，μ_k 是运载火箭和弹道导弹关机时的质量比，m_k 是运载火箭/弹道导弹不含燃料时的结构质量，俗称干重。所以式(4-6)中定义的质量比 μ 显然是在$[1,\mu_k]$之间的数，对该式微分得到

$$\mathrm{d}\mu = \frac{\mathrm{d}m}{m_0} \tag{4-8}$$

运载火箭/弹道导弹的质量可以表示为

$$m = m_0 - q_m t \tag{4-9}$$

其中，q_m 为推进剂秒消耗量。近似认为 q_m 是常量，对式(4-9)两边取微分得到

$$\mathrm{d}t = -\frac{\mathrm{d}m}{q_m} \tag{4-10}$$

将式(4-8)代入式(4-10)，消去 dm 并整理得到

$$\mathrm{d}t = -\frac{m_0\mathrm{d}\mu}{q_m} = -\frac{G_0\mathrm{d}\mu}{q_m g_0} \tag{4-11}$$

由于大气压力随高度变化，所以推进剂秒消耗量 q_m 也会随着飞行高度而发生变化，为简化处理，引入参数 η，令

$$\eta = \frac{q_m}{q_{m_0}} \tag{4-12}$$

其中，q_{m_0} 是地面的推进剂秒消耗量，一般情况 $\eta \geqslant 1$；在地面时 $\eta = 1$，随高度增大，η 增大。

将 η 代入式(4-11)并整理得到

$$\mathrm{d}t = -\frac{m_0\mathrm{d}\mu}{q_m} = -\frac{G_0\mathrm{d}\mu}{\eta q_{m_0} g_0} \tag{4-13}$$

比冲是燃料单位秒消耗量所产生的推力，于是地面有效比冲被记为

$$I_{\mathrm{sp0}}^{\mathrm{E}} = \frac{P_0}{q_{m_0} g_0} \tag{4-14}$$

其中，P_0 为发动机在地面的推力，不考虑推进剂秒消耗量随高度的变化，由式(4-2)可知，它与发动机真空推力之间有如下关系：

$$P_0 = P_{\mathrm{v}} - S_{\mathrm{a}} p_0$$

其中，P_{v} 为真空中的推力，S_{a} 为发动机尾喷管出口面积，p_0 为地面大气压强。

将式(4-14)代入式(4-13)得到

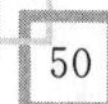

$$dt = -\frac{G_0 I_{sp0}^{E} d\mu}{\eta P_0} \tag{4-15}$$

定义重推比

$$\nu_0 = G_0 / P_0 \tag{4-16}$$

将式(4-16)代入式(4-15)得到 dt 与 $d\mu$ 的关系:

$$dt = -\nu_0 I_{sp0}^{E} \frac{1}{\eta} d\mu \tag{4-17}$$

忽略 η,将式(4-17)两边积分:

$$\int_0^{t_k} dt = -\nu_0 I_{sp0}^{E} \int_1^{\mu_k} d\mu$$

得到关机时间 t_k 与关机时质量比 μ_k 之间的关系:

$$t_k = \nu_0 I_{sp0}^{E} (1 - \mu_k) \tag{4-18}$$

通过前面的推导及定义,得到的式(4-18)给出了运载火箭/弹道导弹主动段飞行时间与重推比 ν_0、地面有效比冲 I_{sp0}^{E} 以及关机时的质量比 μ_k 之间的关系式。

4.1.2　关于主动段飞行速度的讨论

由式(4-4)和式(4-17),可以将运载火箭/弹道导弹理想速度公式进一步表示为

$$v_{id} = \int_0^t \frac{P_v}{m} dt = -\int_1^{\mu} \frac{P_v}{\eta m} \nu_0 I_{sp0}^{E} d\mu$$

将式(4-16)代入上式得到

$$v_{id} = -\int_1^{\mu} \frac{P_v}{\eta m} \frac{m_0 g_0}{P_0} I_{sp0}^{E} d\mu = -\int_1^{\mu} \frac{P_v}{\eta P_0} \frac{m_0}{m} g_0 I_{sp0}^{E} d\mu \tag{4-19}$$

令

$$a_E = \frac{P_v}{\eta P_0}$$

结合式(4-14)不难得到

$$a_E = \frac{I_{spv}^{E}}{I_{sp0}^{E}} \tag{4-20}$$

所以 a_E 被称为真空与地面比冲比,表示火箭从点火到关机发动机的比冲增加程度,是火箭发动机的高空特性参数。

将式(4-7)和 a_E 的定义式代入式(4-19),有以下简洁形式的理想速度公式:

$$v_{id} = -a_E g_0 I_{sp0}^{E} \int_1^{\mu} \frac{1}{\mu} d\mu = -a_E g_0 I_{sp0}^{E} \ln \mu \tag{4-21}$$

同理,由式(4-4)的第二项和式(4-17),可以将重力导致的速度损失项进一步表示为

$$\Delta v_1 = \int_0^t g \sin\theta dt = -\nu_0 I_{sp0}^{E} \int_1^{\mu} \frac{1}{\eta} g \sin\theta d\mu \tag{4-22}$$

将式(4-17)和气动阻力公式

$$D = C_D q S_m$$

代入式(4-4)的第三项,于是,气动阻力导致的速度损失项可以进一步表示为

$$\Delta v_2 = -\nu_0 I_{sp0}^{E} \int_1^{\mu} \frac{C_D q S_m}{m} d\mu = -\nu_0 g_0 I_{sp0}^{E} \int_1^{\mu} \frac{C_D q S_m}{\mu m_0 g_0 \eta} d\mu$$

将公式进一步整理得到

$$\Delta v_2=-\frac{\nu_0 g_0 I_{\mathrm{sp0}}^{\mathrm{E}}}{\dfrac{m_0 g_0}{S_m}}\int_1^{\mu}\frac{C_D q}{\mu\eta}\mathrm{d}\mu=\frac{\nu_0 g_0 I_{\mathrm{sp0}}^{\mathrm{E}}}{p_m}\int_{\mu}^{1}\frac{C_D q}{\mu\eta}\mathrm{d}\mu \tag{4-23}$$

其中，参数 p_m 定义如下：

$$p_m=\frac{m_0 g_0}{S_m}=\frac{G_0}{S_m} \tag{4-24}$$

其中，p_m 为火箭单位面积上的起飞载荷。

将式(4-17)代入式(4-4)的第四项，得到大气压力导致的速度损失公式为

$$\Delta v_3=\int_0^t\frac{S_a p}{m}\mathrm{d}t=-I_{\mathrm{sp0}}^{\mathrm{E}}\int_1^{\mu}\nu_0\frac{S_a p}{m\eta}\mathrm{d}\mu=-I_{\mathrm{sp0}}^{\mathrm{E}}\int_1^{\mu}\frac{m_0 g_0}{P_0}\frac{S_a p}{m\eta}\mathrm{d}\mu$$

$$\Delta v_3=g_0 I_{\mathrm{sp0}}^{\mathrm{E}}\int_{\mu}^{1}\frac{S_a p}{P_0}\frac{m_0}{m}\mathrm{d}\mu \tag{4-25}$$

考虑推进剂秒消耗量随高度的变化，在真空中推力可以用地面的推力表示为

$$P_v=\eta(P_0+S_a p_0) \tag{4-26}$$

将式(4-26)两边同除以 P_0 并整理得到

$$1=\frac{P_v}{\eta P_0}-\frac{S_a p_0}{P_0} \tag{4-27}$$

将式(4-20)代入式(4-27)，于是得到

$$P_0=\frac{S_a p_0}{a_{\mathrm{E}}-1} \tag{4-28}$$

然后将式(4-28)代入式(4-25)中，消去 P_0 得到

$$\Delta v_3=-g_0 I_{\mathrm{sp0}}^{\mathrm{E}}(a_{\mathrm{E}}-1)\int_1^{\mu}\frac{p}{p_0}\frac{1}{\mu}\mathrm{d}\mu \tag{4-29}$$

汇总前面的公式，且令公式中 $\mu=\mu_k$，得到用于设计的关机点速度分析公式如下：

$$\left.\begin{aligned}
v_k&=v_{k.\mathrm{id}}-\Delta v_1-\Delta v_2-\Delta v_3\\
v_{k.\mathrm{id}}&=-g_0 I_{\mathrm{spv}}^{\mathrm{E}}\ln\mu_k=-g_0 I_{\mathrm{sp0}}^{\mathrm{E}}a_E\ln\mu_k\\
\Delta v_1&=\nu_0 I_{\mathrm{sp0}}^{\mathrm{E}}\int_{\mu_k}^{1}\frac{1}{\eta}g\sin\theta\mathrm{d}\mu\\
\Delta v_2&=\frac{g_0\nu_0 I_{\mathrm{sp0}}^{\mathrm{E}}}{p_m}\int_{\mu_k}^{1}\frac{C_D q}{\mu\eta}\mathrm{d}\mu\\
\Delta v_3&=g_0 I_{\mathrm{sp0}}^{\mathrm{E}}(a_{\mathrm{E}}-1)\int_{\mu_k}^{1}\frac{p}{p_0}\frac{\mathrm{d}\mu}{\mu}
\end{aligned}\right\} \tag{4-30}$$

在速度计算公式中，重力导致的速度损失量 Δv_1 占总速度的 20%～25%；气动阻力导致的速度变化 Δv_2 和高度导致的速度变化 Δv_3 相当，两项合起来占总速度的 3%～6%。

根据前面的推导过程，运载火箭/弹道导弹最终的关机速度将由 5 个量来决定，它们是：地面有效比冲 $I_{\mathrm{sp0}}^{\mathrm{E}}$、地面重推比 ν_0、关机时的质量比 μ_k、单位面积的质量 p_m 以及真空与地面的比冲比 a_{E}，这些参数的引入使得设计人员在设计过程中避免直接采用推力、火箭质量等量作为设计变量。下面将这些量汇集在一起，便于读者学习参考。

$$\left.\begin{aligned}I_{sp0}^{E}&=\frac{P_0}{q_m g_0}\\ \nu_0&=\frac{G_0}{F_{E0}}\\ \mu_k&=\frac{m_k}{m_0}\\ p_m&=\frac{G_0}{S_m}\\ a_E&=\frac{I_{spv}^{E}}{I_{sp0}^{E}}\end{aligned}\right\}\tag{4-31}$$

以式(4－31)中的5个量以及关机点弹道倾角 θ_k 和气动阻力系数 C_D 等为设计变量，可以把运载火箭/弹道导弹在关机点处的速度抽象地表示为

$$v_k=f(\mu_k,\nu_0,I_{sp0}^{E},a_E,p_m,\theta_k,C_D)$$

起初设计时 C_D 不适合作为一个主要的设计变量，而且关机点弹道倾角 θ_k 常被取做最优值，即

$$\theta_k=\theta_k^{opt}$$

于是，关机速度公式可以简单表示为

$$v_k=f(\mu_k,\nu_0,I_{sp0}^{E},a_E,p_m)\tag{4-32}$$

所以在运载火箭/弹道导弹的总体设计中，接下来的任务是确定式(4－31)中的5个设计变量。

另外，当速度求出来后，运载火箭/弹道导弹在主动段的飞行高度就可以通过下面的积分公式近似计算：

$$y=\int_0^t v\sin\theta\mathrm{d}t=\nu_0 I_{sp0}^{E}\int_\mu^1\frac{1}{\eta}v\sin\theta\mathrm{d}\mu\tag{4-33}$$

其中，$\mu\leqslant\mu_k$。

更精确的高度计算方法如下：

$$x=\int_0^t v\cos\theta\mathrm{d}t=\nu_0 I_{sp0}^{E}\int_\mu^1\frac{1}{\eta}v\cos\theta\mathrm{d}\mu\tag{4-34}$$

$$h=\sqrt{x^2+(R_0+y)^2}\tag{4-35}$$

在计算关机速度时，飞行高度的计算是必不可少的，因为大气相关数据随着高度的增大而变化。

4.2　设计参数分析

4.2.1　关机质量比对速度的影响分析

将关机质量比 μ_k 的定义式(4－7)改写为以下形式：

$$\mu_k=\frac{m_k}{m_0}=\frac{m_k}{m_k+m_P}=\frac{1}{1+\dfrac{m_P}{m_k'+m_{pay}}}$$

其中，m_0 为火箭总质量，m_P 为推进剂质量，m_{pay} 为有效载荷质量，m_k 为结构质量，m_k' 为除去

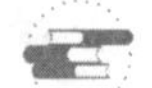

有效载荷后的火箭子级的结构质量。

设计时希望 m'_k 尽可能取小值，当射程一定时，小的 m'_k 可使火箭获得更大的运载能力 m_{pay}；有效载荷一定时，小的 m'_k 可以使火箭获得更大的射程。

μ_k 也可以表示火箭燃料相对存储量的大小，当有效载荷一定、其他参数相同时，μ_k 值越小，表明燃料存储量越多，同时发动机工作时间也越长，这一点由关机时间公式 $t_k=\nu_0 I_{sp0}^{E}(1-\mu_k)$ 可以清楚地得知。另外，μ_k 对 4 个速度分量都有影响，下面将逐一讨论。

1. μ_k 对 $v_{k.id}$（理想关机速度）的影响

由理想关机速度公式

$$v_{k.id}=-g_0 I_{sp0}^{E} a_E \ln \mu_k$$

可以看出，随着 μ_k 减小，理想速度 $v_{k.id}$ 按对数关系增大。这是由于随着 μ_k 减小，火箭燃料相对较多，飞行时间较长，最终使得火箭可以获得更高的理想关机速度。图 4－1 形象地给出了 $v_{k.id}$ 与 μ_k 的关系。

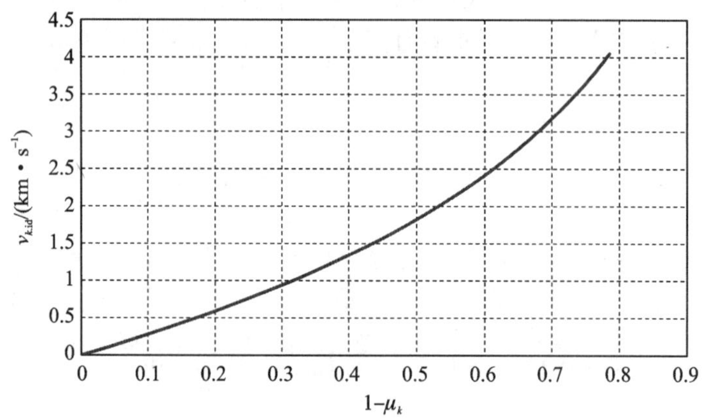

图 4－1　关机点所能达到的理想速度与质量比的关系曲线

2. μ_k 对 Δv_1（引力加速度对关机速度贡献分量）的影响

式（4－30）给出了 Δv_1 的计算公式，该式表明 Δv_1 不仅与 μ_k 有关，而且与飞行程序 $\theta(t)$ 有很大的关系，为了便于分析，在这里近似认为 $\eta=1$；当 $\theta=90°$ 时，是探空火箭的飞行实例。更进一步，将关机时间与此时 μ_k 的关系式（4－18）代入，最终得到

$$\Delta v_1 = g\nu_0 I_{sp0}^{E}(1-\mu_k)=gt_k$$

显然，随着 μ_k 的减小 Δv_1 线性增大，因为当 μ_k 减小时，也就意味着 t_k 的增大。当飞行程序 $\theta(t)$ 是其他更复杂的形式时，Δv_1 随着 μ_k 的变化趋势不变，但不再是线性关系。图 4－2 绘制了采用前面介绍的飞行程序模板时，Δv_1 随着 μ_k 变化的曲线。

3. μ_k 对 Δv_2（气动阻力对关机速度贡献分量）的影响

从式（4－30）可以看出，当 $\mu_k=1$ 时，$\Delta v_2=0$；当 μ_k 逐渐减小时，飞行时间逐渐增长，Δv_2 也会逐渐增大，同时火箭的飞行速度也会逐渐增大，火箭速度的增大导致火箭所受的气动阻力增大，火箭气动阻力的增大也会导致 Δv_2 的增大更加剧烈。如果在此期间，火箭速度接近声速（$Ma=0.9$），因为声障效应，火箭的气动阻力还可能急剧增大，从而导致 Δv_2 急剧增大。另外，当火箭飞行高度不断增大时，大气的密度会不断减小，从而使得气动阻力有减小的趋势。

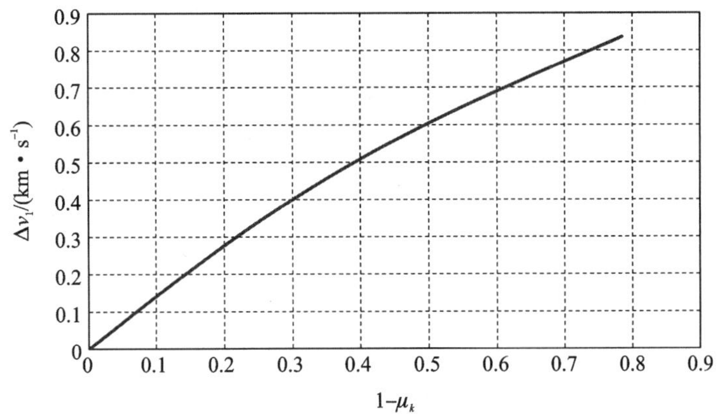

图 4-2　Δv_1 随着 μ_k 变化的曲线

所以可以推测，当 μ_k 进一步减小时，火箭飞行时间进一步增长，火箭在稠密大气中飞行的时间只是总飞行时间的一部分，之后气动阻力的影响就逐渐减小并最终消失了，对 Δv_2 的贡献也是这个规律。所以，随着 μ_k 的减小，Δv_2 将逐渐增大，且其增速是先较平缓增大，然后较剧烈增大，之后再较平缓增大，并逐渐趋近一个稳定值。从这个分析可知，火箭在稠密大气中飞行时，避免其跨越声障，是一个好的策略。图 4-3 中的实线给出了 Δv_2 随 μ_k 的变化关系，与定性分析的规律一致。

4. μ_k 对 Δv_3（高度对关机速度贡献分量）的影响

在大气中飞行时，随着 μ_k 的减小，飞行时间就会延长，飞行高度也会增大，由式(4-25)可知，速度变化量 Δv_3 也会增大；但随着高度的增大，大气压力 p 在逐渐减小，积分项的值也会逐渐减小；当火箭到大气层之外时，气压对速度的贡献将会消失，所以，大气压强的减小削弱了 Δv_3 原有的增大势头。最终，随着 μ_k 的减小，Δv_3 首先以较快的速度增大，但增速逐渐放缓，并且 Δv_3 最终逐渐趋近一个稳定值。图 4-3 中的虚线给出了 Δv_3 随 μ_k 的变化关系，与定性分析的规律一致。

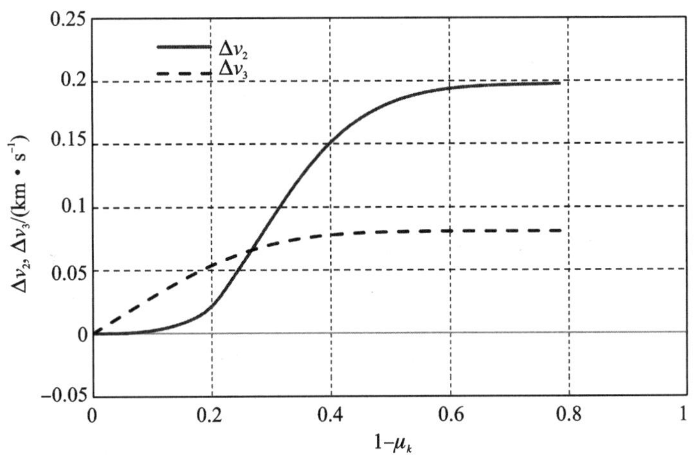

图 4-3　Δv_2 和 Δv_3 随着 μ_k 变化的曲线

4.2.2 地面有效比冲对速度的影响分析

采用高热值的燃料和改进燃烧室内的燃烧过程来增加燃烧室内的压力，都可以有效增大发动机的比冲 I_{sp0}^{E}。比冲对速度的 4 个分量都有影响，各个分量都是随着比冲的增大而增大，但 4 个分量中，理想速度在最终速度中占的比重最大，所以最终的关机速度是随着比冲的增大而增大的。通过理想关机速度与比冲的关系

$$v_{k.\mathrm{id}}=-g_0 I_{sp0}^{E} a_E \ln \mu_k$$

可以很容易看出这一点。

扩展讨论：由时间公式可知

$$t_k=\nu_0 I_{sp0}^{E}(1-\mu_k)$$

当比冲增大时，如果其他量不变，飞行时间就会延长，必然会导致最终的关机速度增大。具体的解释是，当比冲增大时，推力会增大，如果保持重推比不变，火箭的质量就可以更大；如果有效载荷保持不变，合理的选择是增加燃料，燃料的增加会导致飞行时间的延长，从而导致飞行速度的增大。这意味着可以将有效载荷送到更高的地方，也可以理解为获得了更强的运载能力。

从关机时间公式还可以看出，如果保证关机时间不变，重推比也不变，增大比冲就可以增大 μ_k，这时合理的选择是增加有效载荷，也就是获得了更强的运载能力。比冲对关机速度的影响如图 4-4 所示。

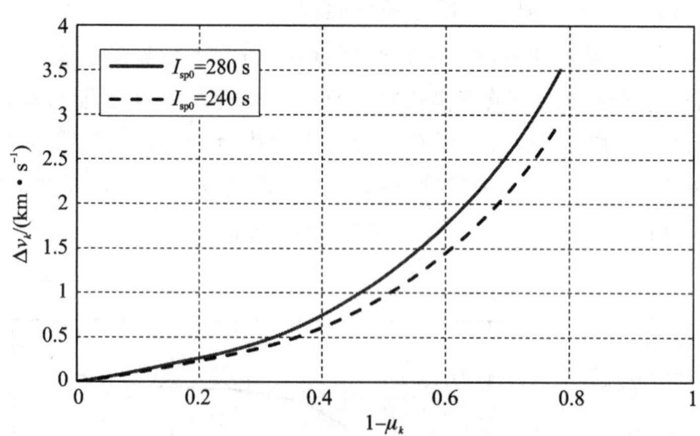

图 4-4 比冲对关机速度的影响

4.2.3 地面有效比冲对射程的影响分析

火箭推进剂对火箭飞行性能影响甚大，主要是通过火箭发动机的比冲来体现的。下面来讨论推进剂对射程的影响关系。对自由段射程式(2-7)取微分得到

$$\mathrm{d}l_{\mathrm{B.F.}}=2R_0\,\mathrm{d}\eta_E \tag{4-36}$$

对式(2-31)两边微分

$$\sec^2\eta_E^{\max}\cdot \mathrm{d}\eta_E^{\max}=\frac{\sqrt{1-\nu}-\nu\left(-\dfrac{1}{2\sqrt{1-\nu}}\right)}{2(1-\nu)}\mathrm{d}\nu=\left[\frac{1}{2\sqrt{1-\nu}}+\frac{\nu}{4(1-\nu)^{3/2}}\right]\mathrm{d}\nu$$

整理并代入式(4－36)得到

$$\mathrm{d}l_{\mathrm{B.F.}} = 2R_0\cos^2\eta_{\mathrm{E}}^{\max}\left[\frac{1}{2\sqrt{1-\nu}} + \frac{\nu}{4(1-\nu)^{3/2}}\right]\mathrm{d}\nu \tag{4-37}$$

由式(4－30)，可以近似认为

$$v_k \approx k v_{k.\mathrm{id}} = -kg_0 I_{\mathrm{sp0}}^{\mathrm{E}} a_{\mathrm{E}} \ln \mu_k \tag{4-38}$$

其中，k 为小于 1 的某个常数，对于远程的弹道导弹可以取 0.833 3。

对式(4－38)两边取微分

$$\mathrm{d}v_k = -kg_0 a_{\mathrm{E}} \ln \mu_k \mathrm{d}I_{\mathrm{sp0}}^{\mathrm{E}} \tag{4-39}$$

将式(4－39)两边同除以 v_k，并将式(4－38)代入并整理得到

$$\frac{\mathrm{d}v_k}{v_k} = \frac{\mathrm{d}I_{\mathrm{sp0}}^{\mathrm{E}}}{I_{\mathrm{sp0}}^{\mathrm{E}}} \tag{4-40}$$

之前定义过比例因子 ν，现摘录如下：

$$\nu = \frac{v_k^2}{v_{1k}^2}$$

将等式两边取微分，得到

$$\mathrm{d}\nu = \frac{2v_k \mathrm{d}v_k}{v_{1k}^2} = 2\nu\frac{\mathrm{d}v_k}{v_k} \tag{4-41}$$

将式(4－40)代入式(4－41)，于是得到

$$\mathrm{d}\nu = 2\nu\frac{\mathrm{d}I_{\mathrm{sp0}}^{\mathrm{E}}}{I_{\mathrm{sp0}}^{\mathrm{E}}} \tag{4-42}$$

将式(4－42)代入式(4－37)得到

$$\mathrm{d}l_{\mathrm{B.F.}} = 2R_0\cos^2\left(\frac{l_{\mathrm{B.F.}}}{2R_0}\right)\left[\frac{1}{2\sqrt{1-\nu}} + \frac{\nu}{4(1-\nu)^{3/2}}\right]\frac{2\nu\mathrm{d}I_{\mathrm{sp0}}^{\mathrm{E}}}{I_{\mathrm{sp0}}^{\mathrm{E}}} \tag{4-43}$$

如果忽略主动段和再入段的射程，将式(4－43)中的 $l_{\mathrm{B.F.}}$ 用 l 代替，得到一个简化版公式

$$\mathrm{d}l = R_0\cos^2\left(\frac{l}{2R_0}\right)\left[\frac{2\nu}{\sqrt{1-\nu}} + \frac{\nu^2}{(1-\nu)^{3/2}}\right]\frac{\mathrm{d}I_{\mathrm{sp0}}^{\mathrm{E}}}{I_{\mathrm{sp0}}^{\mathrm{E}}} \tag{4-44}$$

如果考虑主动段和再入段的射程，令

$$l_{\mathrm{B.F.}} = \frac{l}{K} \tag{4-45}$$

在这里将 K 理解为某个常数，于是有

$$\mathrm{d}l_{\mathrm{B.F.}} = \frac{\mathrm{d}l}{K}$$

将该式代入式(4－43)就得到一个较为精确的版本

$$\mathrm{d}l = KR_0\cos^2\left(\frac{l}{2RK}\right)\left[\frac{2\nu}{\sqrt{1-\nu}} + \frac{\nu^2}{(1-\nu)^{3/2}}\right]\frac{\mathrm{d}I_{\mathrm{sp0}}^{\mathrm{E}}}{I_{\mathrm{sp0}}^{\mathrm{E}}} \tag{4-46}$$

对于弹道导弹，K 并非常数，K 与射程 l 之间满足如下经验公式：

$$K = 1 + \frac{1.13}{\sqrt[3.3]{l}} \tag{4-47}$$

将上式两边微分，得到

$$\mathrm{d}K = -\frac{1.13}{3.3l^{4.3/3.3}}\mathrm{d}l$$

将式(4－45)两边微分，并将 dK 代入，进一步整理得到

$$\mathrm{d}l_{\mathrm{B.F.}} = \frac{K\mathrm{d}l - l\mathrm{d}K}{K^2} = \left(\frac{1}{K} + \frac{1.13/l^{1/3.3}}{3.3K^2}\right)\mathrm{d}l = \left(\frac{4.3}{3.3K} - \frac{1}{3.3K^2}\right)\mathrm{d}l$$

将上式代入公式(4－43)得到一个更为精确的计算公式

$$\mathrm{d}l = \frac{3.3K^2}{4.3K-1}R_0\cos^2\left(\frac{l}{2R_0K}\right)\left[\frac{2\nu}{\sqrt{1-\nu}} + \frac{\nu^2}{(1-\nu)^{3/2}}\right]\frac{\mathrm{d}I_{\mathrm{sp0}}^{\mathrm{E}}}{I_{\mathrm{sp0}}^{\mathrm{E}}} \tag{4-48}$$

根据前面介绍的公式，将$\frac{\mathrm{d}l}{\mathrm{d}I_{\mathrm{sp0}}^{\mathrm{E}}}$随 l 的变化关系曲线绘制在图 4－5 中。

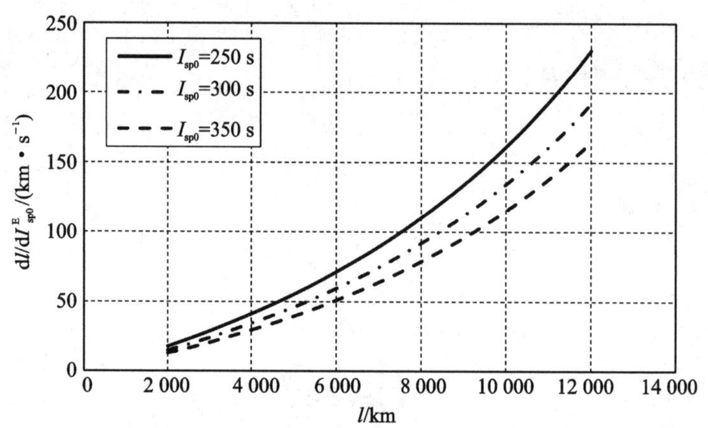

图 4－5　比冲对射程的影响曲线

由曲线可知，$\frac{\mathrm{d}l}{\mathrm{d}I_{\mathrm{sp0}}^{\mathrm{E}}}$随 l 的增大而增大，而且 l 一定时，$I_{\mathrm{sp0}}^{\mathrm{E}}$ 越小，则$\frac{\mathrm{d}l}{\mathrm{d}I_{\mathrm{sp0}}^{\mathrm{E}}}$越大。根据前面的式(4－44)、式(4－46)和式(4－44)写出增量形式，得到三个版本：

简化版本：

$$\Delta l = R\cos^2\left(\frac{l}{2R}\right)\left[\frac{2\nu}{\sqrt{1-\nu}} + \frac{\nu^2}{(1-\nu)^{3/2}}\right]\frac{\Delta I_{\mathrm{sp0}}^{\mathrm{E}}}{I_{\mathrm{sp0}}^{\mathrm{E}}}$$

较精确版本：

$$\Delta l = KR\cos^2\left(\frac{l}{2RK}\right)\left[\frac{2\nu}{\sqrt{1-\nu}} + \frac{\nu^2}{(1-\nu)^{3/2}}\right]\frac{\Delta I_{\mathrm{sp0}}^{\mathrm{E}}}{I_{\mathrm{sp0}}^{\mathrm{E}}}$$

最精确版本：

$$\Delta l = \frac{3.3K^2}{4.3K-1}R\cos^2\left(\frac{l}{2RK}\right)\left[\frac{2\nu_{\mathrm{A}}}{\sqrt{1-\nu_{\mathrm{A}}}} + \frac{\nu_{\mathrm{A}}^2}{(1-\nu_{\mathrm{A}})^{3/2}}\right]\frac{\Delta I_{\mathrm{sp0}}^{\mathrm{E}}}{I_{\mathrm{sp0}}^{\mathrm{E}}}$$

将相关数据代入上面的公式进行计算，得到如下经验。

(1) 对于洲际弹道导弹 (l=11 000 km，$I_{\mathrm{sp0}}^{\mathrm{E}}$=310 s)

如果 $\Delta I_{\mathrm{sp0}}^{\mathrm{E}}$=1 s，采用前面推导的公式计算 Δl，结果如下：

Δl=131.60 km　(最粗糙的公式)

Δl=158.47 km　(较精确的公式)

$$\Delta l = 155.50\ \text{km}\quad \text{（最精确的公式）}$$

所以大家可以近似认为，当射程在 11 000 km 左右时，如果 I^{E}_{sp0} 增加 1 s，射程将增加 150 km 左右。

(2) 对于洲际弹道导弹（$l = 11\ 000$ km，$I^{E}_{sp0} = 310$ s）

如果 $\Delta I^{E}_{sp0} = 1\% I^{E}_{sp0}$，采用前面推导的公式计算 Δl，结果如下：

$$\Delta l = 407.94\ \text{km}\quad \text{（最粗糙的公式）}$$

$$\Delta l = 491.26\ \text{km}\quad \text{（较精确的公式）}$$

$$\Delta l = 482.05\ \text{km}\quad \text{（最精确的公式）}$$

所以大家可以近似认为，当射程在 11 000 km 左右，比冲在 310 s 左右时，如果 I^{E}_{sp0} 增加 1%，射程将增加 480 km 左右。

4.2.4　比冲比对速度的影响分析

参考式(4-20)，真空与地面比冲比 a_E 的定义式为

$$a_E = \frac{I^{E}_{spv}}{I^{E}_{sp0}}$$

它表明，火箭从地面到真空，火箭推力增加的倍数，变化范围非常窄，a_E 取值范围为 1.10～1.15。

从式(4-30)可以看出，a_E 会影响理想关机速度 $v_{k.id}$ 和 Δv_3。理想关机速度与 a_E 的关系为

$$v_{k.id} = -g_0 I^{E}_{sp0} a_E \ln \mu_k$$

在其他参数不变的情况下，a_E 越大，$v_{k.id}$ 也越大。

由 Δv_3 的计算公式

$$\Delta v_3 = g_0 I^{E}_{sp0}(a_E - 1)\int_{\mu_k}^{1} \frac{p}{p_0}\frac{\mathrm{d}\mu}{\mu}$$

可知，当飞行高度较低，当前大气压力十分接近地面的大气压时，a_E 对 Δv_3 的影响程度与 a_E 对 $v_{k.id}$ 的影响程度相当；但当高度增加，大气压减小时，a_E 对 Δv_3 的影响程度将小于 a_E 对 $v_{k.id}$ 的影响程度，所以最终的关机速度仍会随 a_E 的增大而增大。但 a_E 的变化范围有限，所以对最终关机速度的影响也是有限的，如图 4-6 所示。

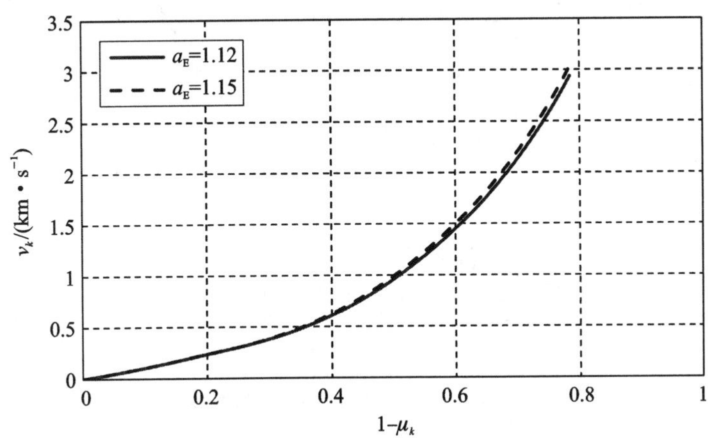

图 4-6　a_E 对关机速度的影响曲线

4.2.5 火箭单位面积上的起飞载荷对速度的影响分析

参考式(4-23)和式(4-24),火箭单位面积上的起飞载荷 p_m 的定义式为

$$p_m = \frac{G_0}{S_m}$$

根据定义可知,p_m 是作用在火箭单位横截面积上的起飞载荷(量纲和线密度一致)。当火箭总重量一定时,它是通过火箭的截面来影响飞行的,可以被看作火箭气动力的性能参数。p_m 越大,Δv_2 越小。现代火箭一般推荐取值为 6~12 t/m²。

p_m 对关机速度的影响公式为

$$\Delta v_2 = \frac{g_0 \nu_0 I_{\mathrm{sp0}}^{\mathrm{E}}}{p_m} \int_{\mu_k}^{1} \frac{C_D q}{\mu} \mathrm{d}\mu$$

可以从两个方面来分析:当火箭全重 G_0 不变时,p_m 增大其实是火箭截面积减小导致的,此时气动阻力小,所以 Δv_2 会减小;当火箭的截面积 S_m 不变时,p_m 增大意味着火箭全重 G_0 增大,这种情况会导致 Δv_2 变化吗?进一步解释,如果保持重推比不变,火箭全重增加后,只能通过增大推力来维持重推比不变,而推力增大后如果想维持比冲不变,就必须增大推进剂的秒消耗量 q_{m0},代入各个物理量的定义公式,Δv_2 的公式可以写成

$$\Delta v_2 = \frac{p_m}{q_{m0}} \int_{\mu_k}^{1} \frac{C_D q}{\mu} \mathrm{d}\mu$$

从上式的系数来看,Δv_2 将减小。当从总体上考虑,火箭的容许总质量增大后,一般的实现策略是增大推进剂的量,这将使火箭获得更长的飞行时间和更低的关机质量比,Δv_2 将有所增大;但同时,各个速度分量都会因飞行时间的延长而增大,最终导致 Δv_2 在整个关机速度中的占比减小,这个时候其他量发生变化太显著,讨论 G_0 增大对 Δv_2 的影响就没有太大意义了。总结以上分析可知,p_m 本质上是通过影响气动特征面积 S_m 来影响 Δv_2,进而影响关机速度 v_k 的,p_m 越大,则 v_k 越大,但对关机速度的影响有限,影响关系曲线如图 4-7 所示。

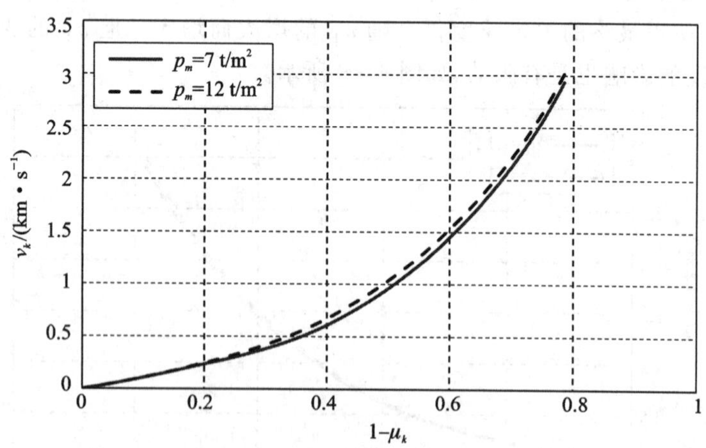

图 4-7 p_m 对关机速度 v_k 的影响

4.2.6　重推比对速度的影响分析

重推比 ν_0 定义为

$$\nu_0 = \frac{G_0}{P_0}$$

火箭起飞重量越小，地面推力越大，则 ν_0 越小，也就意味着火箭起飞加速度越大。ν_0 对关机速度的影响是通过 Δv_1 和 Δv_2 两项来体现的。

首先，讨论 ν_0 对 Δv_1 的影响。Δv_1 的计算公式为

$$\Delta v_1 = \nu_0 I_{\mathrm{sp0}}^{\mathrm{E}} \int_{\mu_k}^{1} g \sin\theta \mathrm{d}\mu$$

由上式可知，在 ν_0 增大而 μ_k 不变的情况下，Δv_1 会增大。具体解释如下：ν_0 增大时，有两种情况。其一是，如果保持推力不变，则火箭总重量会增大，合理的策略是通过增大推进剂的重量来增大总重，此时会使 μ_k 减小，所以会导致 Δv_1 增大；其二是，如果火箭总重量不变，则火箭推力会减小，由比冲的定义，$I_{\mathrm{sp0}}^{\mathrm{E}} = \dfrac{P_0}{q_{m0} g_0}$，如果保证比冲不变，则推进剂的秒消耗量会减小，这样，关机飞行时间就会延长，由 $\Delta v_1 = \int_0^{t_k} g \sin\theta \mathrm{d}t$ 可知，Δv_1 必然增大。重推比对 Δv_1 的影响曲线如图 4－8 所示。

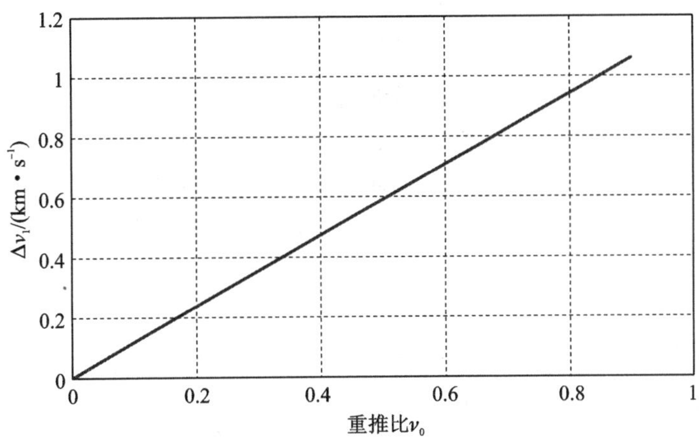

图 4－8　重推比 ν_0 对 Δv_1 的影响曲线

然后，讨论 ν_0 对 Δv_2 的影响。Δv_2 的计算公式为

$$\Delta v_2 = \frac{g_0 \nu_0 I_{\mathrm{sp0}}^{\mathrm{E}}}{p_m} \int_{\mu_k}^{1} \frac{C_D q}{\mu} \mathrm{d}\mu$$

公式表明，ν_0 增大，Δv_2 会随之增大，但 ν_0 的影响并不像公式中体现的那样简单，当 ν_0 很小时，火箭的起飞加速度很大，所以火箭速度增大迅速，所以速度头 q 也很大，此时，Δv_2 会剧烈增大；但同时，当火箭获得很快的速度时，火箭高度也会很快增大，大气密度会随高度的增大而减小，所以速度头 q 又会有减小的趋势，当进入大气稀薄空间时，$\Delta v_2 \to 0$，所以小的重推比 ν_0 会导致大气中飞行时间变短，从而导致 Δv_2 呈现减小的趋势。在重推比 ν_0 从小变大的过程中，这两种影响发生强弱变化，起初，加速导致的气动阻力增大占主导地位，所以 Δv_2 会随 ν_0

的增大逐渐增大，当 ν_0 达到某个值后继续增大时，大气密度减小导致 Δv_2 的减小将会占主导地位，所以，Δv_2 会随着 ν_0 的增大而减小，最终表现为 Δv_2 会随着 ν_0 的增大先增大然后减小，期间会出现一个峰值，如图 4－9 所示。

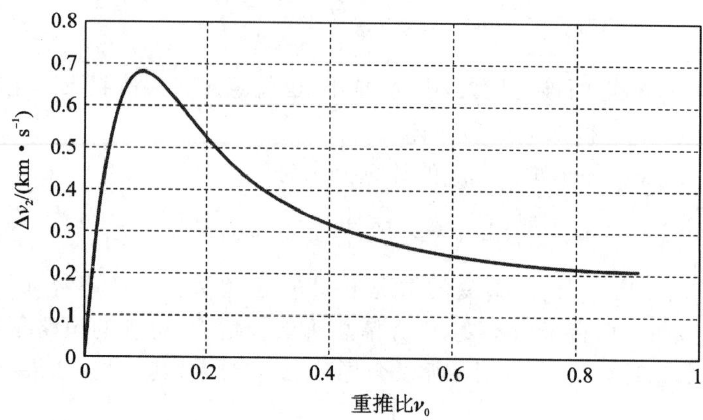

图 4－9　重推比 ν_0 对 Δv_2 的影响曲线

接下来继续讨论 ν_0 对 Δv_3 的影响，ν_0 对 Δv_3 的影响是由于飞行高度的变化间接体现的，所以影响相对较小，从 Δv_3 的计算公式

$$\Delta v_3 = g_0 I_{sp0}^{E}(a_E - 1)\int_{\mu_k}^{1} \frac{p}{p_0}\frac{d\mu}{\mu}$$

可以看出，随着飞行高度的增大，Δv_3 是逐渐减小的。

综合前面的分析，并将各个速度修正量 Δv_1、Δv_2 和 Δv_3 绘制在一起，得到如图 4－10 和图 4－11 所示的曲线，三个速度修正量之和随重推比是先增后降，然后再增。曲线上存在一个最优点，在 $\nu_0=0.3$（比冲为 240 s 时）左右，当采用高比冲的推进剂时，这个最优值还进一步减小，如图 4－11 所示；比冲为 340 s 时，$\nu_0\approx0.15$。比较两图可知，当 I_{sp0} 减小时，曲线上的谷值点有消失的趋势。

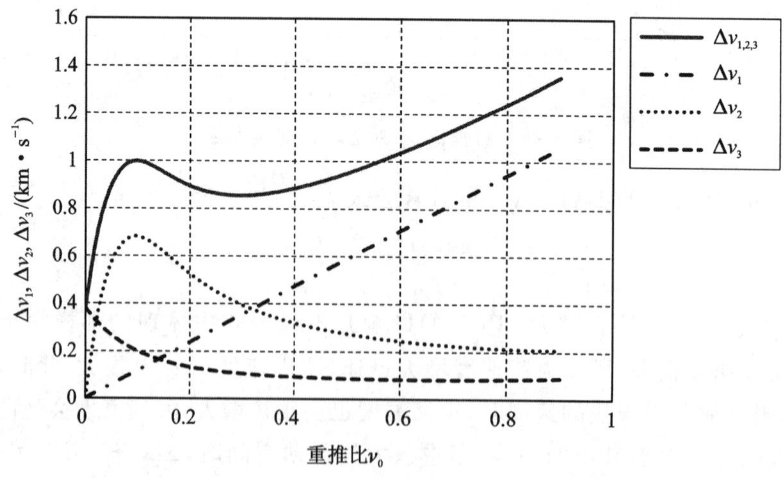

图 4－10　$I_{sp0}=240$ s 时重推比对各个速度分量的影响

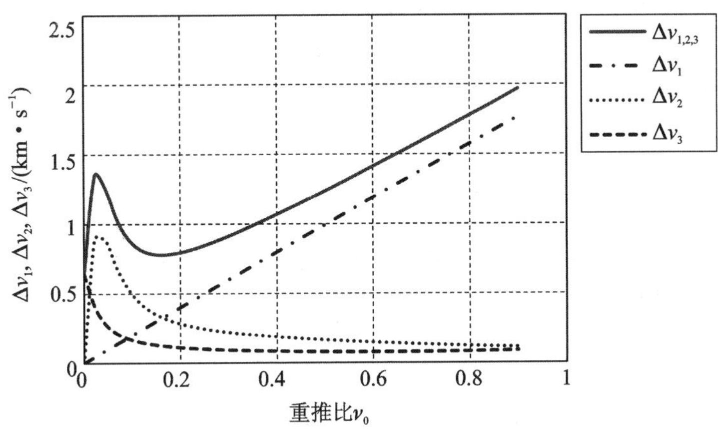

图 4-11　I_{sp0}=340 s 时重推比对各个速度分量的影响

4.2.7　参数分析总结

综合前面的分析，可以将 v_k 与重推比 ν_0 的关系图绘制出来，如图 4-12 所示。随着重推比的增大，关机速度先快速减小，达到一个谷值点后增大，达到一个峰值点后再逐渐减小。当重推比特别小时，火箭的起飞加速度特别大，虽然从速度分析看能达到很高的关机速度，但从控制和结构上考虑都是不现实的，所以在设计时图 4-12 所示速度曲线的谷值点左边的 ν_0 的取值不予考虑。

图 4-12 显示的 ν_0 最优值为 0.3 左右，是从飞行速度分析得到的。如果考虑结构，当重推比小时，必须增大发动机的推力，这必然导致发动机变重，同时火箭飞行加速度增大了，这导致火箭结构需要加强以承受更大的过载，所以火箭重量也必然增大，这显然是不利的。综合考虑，设计时应该将重推比选在大于最优值的某个值，但不宜太大；当重推比太大时，重力导致的速度损失会占比太高。实际火箭的重推比应取在 0.5～0.8，推荐控制在 0.6～0.8 的范围内。

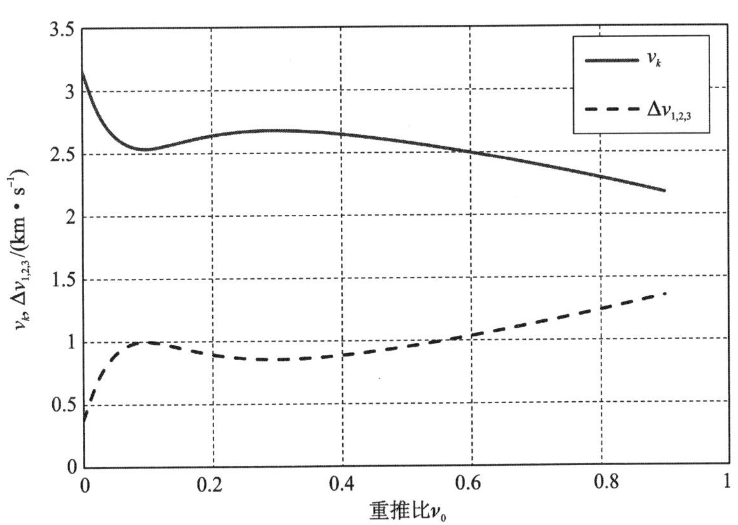

图 4-12　关机速度与重推比的关系曲线

表 4-1 中给出了几种实际火箭的重推比值，供设计参考。

表 4-1 几种弹道导弹/运载火箭的重推比

型 号	V-2	P-1	SS-18	LM-2C	LM-3	LM-2E
重量/kN	130.34	196	2 028.6	1 871.8	1 979.6	4 547.2
推力/kN	245	362.6	359.6	2 783.2	2 783.2	5 880
重推比	0.53	0.54	0.56	0.67	0.71	0.77

将前面的参数分析总结如下：

① 参数 I_{sp0}^{E} 和 μ_k 主要是对 $v_{k.id}$ 产生影响，I_{sp0}^{E} 增大和 μ_k 减小均可增大最终关机速度 v_k。

② a_E 对 $v_{k.id}$ 和 Δv_3 均有影响，但 a_E 对 $v_{k.id}$ 的影响是主要的，所以当 a_E 增大时，最终关机速度 v_k 会增大。但 a_E 的变化范围狭窄(1.10～1.15)，不是主要设计变量。

③ p_m 影响 Δv_2，p_m 增大，Δv_2 会减小，最终关机速度 v_k 会增大。但 p_m 对 v_k 的影响很小，推荐设计值在 6～12 tf/m^2(5.88E4～1.176E4 N/m^2)，设计时也不作为主要设计变量。

④ ν_0 对关机速度 v_k 的影响是通过 Δv_1 和 Δv_2 两项来体现的，随着 ν_0 的变化，v_k 会出现一个峰值，综合考虑结构因素，设计推荐值为 $\nu_0=0.6～0.8$。

通过分析可知，最关键的设计参数是 I_{sp0}^{E}、μ_k 和 ν_0 三个，p_m 和 a_E 不是重要的设计参数，一般根据经验初选。I_{sp0}^{E} 的选择与推进剂的类型有关，只有有限几种可能的选择，所以最终将关机速度方程简化为一个两参数的模型：

$$v_k = f(\mu_k, \nu_0)$$

习 题

1. 根据式(4-18)分析关机时间 t_k 与关机质量比 μ_k 的关系。

2. 根据式(4-14)分析并理解地面比冲的含义，它的量纲是什么？

3. 根据式(4-30)分析运载火箭的理想速度主要受哪几个因素的影响？

4. 哪几个参数适合做运载火箭总体设计的参数？其中哪几个是首先被考虑的主要设计参数？

第5章　运载火箭的速度分析

5.1　标准大气模型

本节介绍1976年的美国标准大气(USSA76)模型，该模型有多种计算方法，这里介绍一种，供学习时参考。海平面的大气压强 p_0、密度 ρ_0、声速 a_0 和重力加速度 g_0 分别为

$$\left.\begin{aligned} p_0 &= 1.013\,25\times 10^2\ \mathrm{N/m^2} \\ \rho_0 &= 1.225\,0\ \mathrm{kg/m^3} \\ a_0 &= 340.294\ \mathrm{m/s} \\ g_0 &= 9.806\,65\ \mathrm{m/s^2} \end{aligned}\right\} \tag{5-1}$$

地球的平均半径

$$R_0 = 6\,356\,766\ \mathrm{m} \tag{5-2}$$

重力加速度 g 与几何高度 h 的关系为

$$g = g_0\left(\frac{R_0}{R_0+h}\right)^2 \tag{5-3}$$

不同高度，温度不同，声速也不同。声速计算公式为

$$a = 20.046\,8\sqrt{T} \tag{5-4}$$

其中，T 为热力学温度，单位为K，具体值用表5-1中的公式计算。

表5-1中的计算公式会用到位势高度，位势高度 z 与几何高度 h 的关系如下：

$$z = \frac{R_0 h}{R_0+h} \tag{5-5}$$

然后根据下面的分段函数计算温度 T、大气压强与海平面大气压强之比 $\dfrac{p}{p_0}$、大气密度与海平面大气密度之比 $\dfrac{\rho}{\rho_0}$。根据表5-1中的计算公式，计算得到的大气参数(见表5-2)可以供设计分析时参考，具体计算方法的C语言实现见附录5.1。

表5-1　标准大气计算公式

h 的范围/km	w	T/K	$\dfrac{p}{p_0}$	$\dfrac{\rho}{\rho_0}$
$0\leqslant h\leqslant 11.019\,1$	$1-\dfrac{z}{44.330\,8}$	$288.15w$	$w^{5.255\,9}$	$w^{4.255\,9}$
$h\leqslant 20.063\,1$	$\mathrm{e}^{\left(\frac{14.964\,7-z}{6.341\,6}\right)}$	216.650	$1.195\,3\times 10^{-1}w$	$1.589\,8\times 10^{-1}w$

续表 5-1

h 的范围/km	w	T/K	$\frac{p}{p_0}$	$\frac{\rho}{\rho_0}$
$h\leqslant 32.1619$	$1+\frac{z-24.9021}{221.552}$	$221.552w$	$2.5158\times 10^{-2}w^{-34.1629}$	$3.2722\times 10^{-2}w^{-35.1629}$
$h\leqslant 47.3501$	$1+\frac{z-39.7499}{89.4107}$	$250.350w$	$2.8338\times 10^{-3}w^{-12.2011}$	$3.2618\times 10^{-3}w^{-13.2011}$
$h\leqslant 51.4125$	$e^{\left(\frac{48.6252-z}{7.9223}\right)}$	270.650	$8.9155\times 10^{-4}w$	$9.4920\times 10^{-4}w$
$h\leqslant 71.8020$	$1-\frac{z-59.4390}{88.2218}$	$247.021w$	$2.1671\times 10^{-4}w^{12.2011}$	$2.5280\times 10^{-4}w^{11.2011}$
$h\leqslant 86.0000$	$1-\frac{z-78.0303}{100.2950}$	$200.590w$	$1.2274\times 10^{-5}w^{17.0816}$	$1.7632\times 10^{-5}w^{16.0816}$
$h\leqslant 91.0000$	$e^{\left(\frac{87.2848-z}{5.4700}\right)}$	186.8700	$(2.2730+1.042\times 10^{-3}z)\times 10^{-6}w$	$3.6411\times 10^{-6}w$

表 5-2 标准大气主要参数

H/km	T/K	t/℃	$p/(\mathrm{N\cdot m^{-2}})$	$\rho/(\mathrm{kg\cdot m^{-3}})$	$v_s/(\mathrm{m\cdot s^{-1}})$	$g/(\mathrm{m\cdot s^{-2}})$
0.0	288.150	15.000	1.013 25E+05	1.225 0E+00	340.294	9.806 65
1.0	281.651	8.501	8.987 62E+04	1.111 7E+00	336.435	9.803 57
2.0	275.154	2.004	7.950 14E+04	1.006 6E+00	332.532	9.800 48
3.0	268.659	−4.491	7.012 11E+04	9.092 5E−01	328.584	9.797 40
4.0	262.166	−10.984	6.166 03E+04	8.193 5E−01	324.589	9.794 32
5.0	255.676	−17.474	5.404 82E+04	7.364 3E−01	320.545	9.791 24
6.0	249.187	−23.963	4.721 75E+04	6.601 1E−01	316.452	9.788 16
7.0	242.700	−30.450	4.110 51E+04	5.900 2E−01	312.306	9.785 09
8.0	236.215	−36.935	3.565 15E+04	5.257 8E−01	308.105	9.782 01
9.0	229.733	−43.417	3.080 06E+04	4.670 6E−01	303.848	9.778 94
10.0	223.252	−49.898	2.649 98E+04	4.135 1E−01	299.532	9.775 87
11.0	216.774	−56.376	2.269 98E+04	3.648 0E−01	295.154	9.772 80
12.0	216.650	−56.500	1.939 88E+04	3.119 3E−01	295.070	9.769 73
13.0	216.650	−56.500	1.657 91E+04	2.665 9E−01	295.070	9.766 66
14.0	216.650	−56.500	1.416 99E+04	2.278 5E−01	295.070	9.763 60
15.0	216.650	−56.500	1.211 14E+04	1.947 5E−01	295.070	9.760 53
16.0	216.650	−56.500	1.035 25E+04	1.664 7E−01	295.070	9.757 47
17.0	216.650	−56.500	8.849 41E+03	1.423 0E−01	295.070	9.754 41
18.0	216.650	−56.500	7.564 96E+03	1.216 4E−01	295.070	9.751 35
19.0	216.650	−56.500	6.467 25E+03	1.039 9E−01	295.070	9.748 29
20.0	216.650	−56.500	5.529 10E+03	8.890 8E−02	295.070	9.745 23
21.0	217.581	−55.569	4.728 78E+03	7.571 6E−02	295.703	9.742 18
22.0	218.574	−54.576	4.047 37E+03	6.451 1E−02	296.377	9.739 12

续表 5-2

H/km	T/K	t/℃	p/(N·m^{-2})	ρ/(kg·m^{-3})	v_s/(m·s^{-1})	g/(m·s^{-2})
23.0	219.567	−53.583	3.466 76E+03	5.500 7E−02	297.049	9.736 07
24.0	220.560	−52.590	2.971 66E+03	4.693 9E−02	297.720	9.733 02
25.0	221.552	−51.598	2.549 15E+03	4.008 5E−02	298.389	9.729 97
26.0	222.544	−50.606	2.188 32E+03	3.425 7E−02	299.056	9.726 92
27.0	223.536	−49.614	1.879 92E+03	2.929 9E−02	299.722	9.723 87
28.0	224.527	−48.623	1.616 16E+03	2.507 7E−02	300.386	9.720 83
29.0	225.518	−47.632	1.390 39E+03	2.147 9E−02	301.048	9.717 78
30.0	226.509	−46.641	1.197 00E+03	1.841 1E−02	301.709	9.714 74
31.0	227.499	−45.651	1.031 24E+03	1.579 2E−02	302.368	9.711 70
32.0	228.490	−44.660	8.890 46E+02	1.355 6E−02	303.025	9.708 66
33.0	230.973	−42.177	7.672 84E+02	1.157 3E−02	304.667	9.705 62
34.0	233.744	−39.406	6.633 92E+02	9.887 5E−03	306.489	9.702 58
35.0	236.514	−36.636	5.745 77E+02	8.463 4E−03	308.300	9.699 55
36.0	239.283	−33.867	4.985 07E+02	7.258 0E−03	310.099	9.696 51
37.0	242.051	−31.099	4.332 35E+02	6.235 5E−03	311.888	9.693 48
38.0	244.818	−28.332	3.771 27E+02	5.366 6E−03	313.665	9.690 45
39.0	247.584	−25.566	3.288 12E+02	4.626 8E−03	315.433	9.687 42
40.0	250.350	−22.800	2.871 36E+02	3.995 7E−03	317.189	9.684 39
41.0	253.115	−20.035	2.511 26E+02	3.456 4E−03	318.936	9.681 36
42.0	255.878	−17.272	2.199 61E+02	2.994 8E−03	320.673	9.678 34
43.0	258.641	−14.509	1.929 46E+02	2.598 9E−03	322.399	9.675 31
44.0	261.403	−11.747	1.694 92E+02	2.258 9E−03	324.116	9.672 29
45.0	264.165	−8.985	1.490 98E+02	1.966 3E−03	325.823	9.669 27
46.0	266.925	−6.225	1.313 37E+02	1.714 2E−03	327.521	9.666 25
47.0	269.684	−3.466	1.158 48E+02	1.496 5E−03	329.210	9.663 23
48.0	270.650	−2.500	1.022 95E+02	1.316 7E−03	329.799	9.660 21
49.0	270.650	−2.500	9.033 65E+01	1.162 8E−03	329.799	9.657 19
50.0	270.650	−2.500	7.977 89E+01	1.026 9E−03	329.799	9.654 18
51.0	270.650	−2.500	7.045 79E+01	9.069 0E−04	329.799	9.651 17
52.0	269.032	−4.118	6.221 32E+01	8.056 2E−04	328.811	9.648 16
53.0	266.277	−6.873	5.487 24E+01	7.179 1E−04	327.124	9.645 15
54.0	263.524	−9.626	4.833 65E+01	6.390 1E−04	325.428	9.642 14
55.0	260.771	−12.379	4.252 42E+01	5.681 0E−04	323.724	9.639 13
56.0	258.019	−15.131	3.7361 4E+01	5.044 5E−04	322.011	9.636 12
57.0	255.269	−17.881	3.278 13E+01	4.473 8E−04	320.290	9.633 12
58.0	252.519	−20.631	2.872 31E+01	3.962 7E−04	318.560	9.630 12

续表 5-2

H/km	T/K	t/℃	p/(N·m^{-2})	ρ/(kg·m^{-3})	v_s/(m·s^{-1})	g/(m·s^{-2})
59.0	249.769	−23.381	2.513 19E+01	3.505 4E−04	316.822	9.627 11
60.0	247.021	−26.129	2.195 82E+01	3.096 8E−04	315.074	9.624 11
61.0	244.274	−28.876	1.915 72E+01	2.732 2E−04	313.317	9.621 11
62.0	241.527	−31.623	1.668 84E+01	2.407 1E−04	311.550	9.618 12
63.0	238.781	−34.369	1.451 54E+01	2.117 8E−04	309.774	9.615 12
64.0	236.036	−37.114	1.260 56E+01	1.860 5E−04	307.989	9.612 13
65.0	233.292	−39.858	1.092 95E+01	1.632 1E−04	306.193	9.609 13
66.0	230.549	−42.601	9.460 75E+00	1.429 6E−04	304.388	9.606 14
67.0	227.807	−45.343	8.175 59E+00	1.250 3E−04	302.572	9.603 15
68.0	225.065	−48.085	7.052 85E+00	1.091 7E−04	300.746	9.600 16
69.0	222.325	−50.825	6.073 57E+00	9.517 2E−05	298.909	9.597 17
70.0	219.585	−53.565	5.220 83E+00	8.283 0E−05	297.062	9.594 19
71.0	216.846	−56.304	4.479 51E+00	7.196 6E−05	295.203	9.591 20
72.0	214.263	−58.887	3.836 15E+00	6.237 2E−05	293.440	9.588 22
73.0	212.308	−60.842	3.280 14E+00	5.382 3E−05	292.098	9.585 24
74.0	210.354	−62.796	2.800 79E+00	4.638 5E−05	290.750	9.582 25
75.0	208.400	−64.750	2.388 09E+00	3.992 1E−05	289.397	9.579 28
76.0	206.446	−66.704	2.033 24E+00	3.431 0E−05	288.037	9.576 30
77.0	204.494	−68.656	1.728 57E+00	2.944 8E−05	286.672	9.573 32
78.0	202.542	−70.608	1.467 34E+00	2.523 8E−05	285.300	9.570 35
79.0	200.590	−72.560	1.243 67E+00	2.159 9E−05	283.922	9.567 37
80.0	198.639	−74.511	1.052 45E+00	1.845 8E−05	282.538	9.564 40
81.0	196.689	−76.461	8.892 13E−01	1.575 0E−05	281.148	9.561 43
82.0	194.739	−78.411	7.500 73E−01	1.341 8E−05	279.751	9.558 46
83.0	192.790	−80.360	6.316 56E−01	1.141 4E−05	278.348	9.555 49
84.0	190.842	−82.308	5.310 35E−01	9.693 8E−06	276.937	9.552 52
85.0	188.894	−84.256	4.456 73E−01	8.219 4E−06	275.520	9.549 56
86.0	186.947	−86.203	3.733 74E−01	6.957 8E−06	274.097	9.546 59

5.2 速度计算的近似算法

这里首先介绍一种计算火箭飞行速度的近似算法，该算法的特点是可以将各个相互耦合的量解耦，然后用矩形求积分的方法求出运载火箭各个速度分量；如果需要，还可以进一步求出运载火箭主动段的飞行轨迹。该算法简单，易于实现，而且计算精度满足总体设计的需要。具体算法按下面的步骤实现。

① 给定 ν_0、$I_{\mathrm{sp0}}^{\mathrm{E}}$、$\mu_k$、$a_{\mathrm{E}}$、$p_m$，并假定 $\eta=1$；给定 $\Delta\mu$，并给定飞行程序 $\theta(\mu)$。

定义数组 $\mu[N]=1\sim\mu_k$，间隔 $\Delta\mu$。

定义数组 $\theta_1[N]$，并通过下面的 $\theta(\mu)$ 函数求各个 θ 值，存入数组

$$\theta(\mu)=\frac{\frac{\pi}{2}-\theta_k}{(\mu_1-\mu_2)^2}(\mu-\mu_2)^2+\theta_k \tag{5-6}$$

$$\mu_1=0.95,\quad \mu_2=0.45\sim0.35,\quad \theta_k=\theta_{\mathrm{opt}}$$

② 定义数组 $t[N]$，$V_0[N]$，$V_1[N]$，$V_2[N]$，$V_3[N]$，$V_{\mathrm{id}}[N]$，$g[N]$，$x[N]$，$y[N]$，$h[N]$，rou$[N]$，$p[N]$，Cd$[N]$。

通过下面的公式计算各个 t 值，存入数组 $t[N]$，即 $t[N]=0\sim t_k$。

$$t=\nu_0 I_{\mathrm{sp0}}^{\mathrm{E}}(1-\mu) \tag{5-7}$$

③ 计算理想速度 V_{id}，并存入两个数组 $V_0[N]$ 和 $V_{\mathrm{id}}[N]$，计算公式如下：

$$V_{\mathrm{id}}=-g_0 I_{\mathrm{sp0}}^{\mathrm{E}}\ln\mu=-g_0 I_{\mathrm{sp0}}^{\mathrm{E}}a_{\mathrm{E}}\ln\mu \tag{5-8}$$

④ 用下面的公式估算飞行高度，存入数组 $y[N]$。

$$y=\nu_0 I_{\mathrm{sp0}}^{\mathrm{E}}\int_{\mu_k}^{1}\frac{1}{\eta}V\sin\theta\mathrm{d}\mu\approx\frac{\nu_0 I_{\mathrm{sp0}}^{\mathrm{E}}}{1.2}\sum_{i=0}^{N}V_0[i]\sin\theta[i]\Delta\mu \tag{5-9}$$

⑤ 用式(5-3)计算重力加速度，并存入数组 $g[N]$。

⑥ 计算 Δv_1 并存入数组 $V_1[N]$，计算公式如下：

$$\Delta v_1=\nu_0 I_{\mathrm{sp0}}^{\mathrm{E}}\int_{\mu_k}^{1}\frac{1}{\eta}g\sin\theta\mathrm{d}\mu\approx\nu_0 I_{\mathrm{sp0}}^{\mathrm{E}}\sum_{i=0}^{N}g[i]\sin\theta[i]\Delta\mu \tag{5-10}$$

⑦ 利用 5.1 节的大气模型公式，计算大气密度 ρ_i 和压强 p_i，并存入相应数组 rou$[N]$和 $p[N]$。

⑧ 根据式(1-18)计算气动力参数 C_{Di} 并存入相应数组 Cd$[N]$。

⑨ 估算 Δv_2，并存入数组 $V_2[N]$。

$$\Delta v_2=\frac{g_0\nu_0 I_{\mathrm{sp0}}^{\mathrm{E}}}{p_m}\int_{\mu_k}^{1}\frac{C_D q}{\mu\eta}\mathrm{d}\mu\approx\frac{g_0\nu_0 I_{\mathrm{sp0}}^{\mathrm{E}}}{2p_m}\sum_{i=0}^{N}C_{Di}\rho_i V_{0i}V_{0i}\frac{1}{\mu_i}\Delta\mu \tag{5-11}$$

⑩ 估算 Δv_3，并存入数组 $V_3[N]$。

$$\Delta v_3=g_0 I_{\mathrm{sp0}}^{\mathrm{E}}(a_{\mathrm{E}}-1)\int_{\mu_k}^{1}\frac{p}{p_0}\frac{\mathrm{d}\mu}{\mu}\approx g_0 I_{\mathrm{sp0}}^{\mathrm{E}}(a_{\mathrm{E}}-1)\frac{1}{p_0}\sum_{i=0}^{N}\frac{p_i}{\mu_i}\Delta\mu \tag{5-12}$$

⑪ 更新飞行速度

$$V_0[i]=V_{\mathrm{id}}[i]-V_1[i]-V_2[i]-V_3[i] \tag{5-13}$$

⑫ 判断 $V_0[i]$ 的最后一个值与前一轮计算得到的 $V_0[i]$ 的最后一个值是否足够接近，如果误差太大，则回到第④步重新计算，否则退出循环执行下面的计算。

⑬ 定义数组 $x[N]$，$h[N]$，运用式(5-14)和式(5-15)重新计算飞行轨迹并存储在数组 $x[N]$，y$[N]$，$h[N]$中。

$$\left.\begin{aligned}x&=\nu_0 I_{\mathrm{sp0}}^{\mathrm{E}}\int_{\mu_k}^{1}\frac{1}{\eta}V\cos\theta\mathrm{d}\mu\approx\nu_0 I_{\mathrm{sp0}}^{\mathrm{E}}\sum_{i=0}^{N}V_0[i]\cos\theta[i]\Delta\mu\\y&=\nu_0 I_{\mathrm{sp0}}^{\mathrm{E}}\int_{\mu_k}^{1}\frac{1}{\eta}V\sin\theta\mathrm{d}\mu\approx\nu_0 I_{\mathrm{sp0}}^{\mathrm{E}}\sum_{i=0}^{N}V_0[i]\sin\theta[i]\Delta\mu\end{aligned}\right\} \tag{5-14}$$

$$h=\sqrt{x^2+(y+R_0)^2}-R_0 \tag{5-15}$$

⑭ 计算结束。

具体算法的C语言实现见附录5.2。

例5-1 采用近似计算算法估算某火箭的飞行速度、高度和轨迹，各个参数如下：

$$\nu_0=0.6,\quad I_{sp0}^{E}=240\ \mathrm{s},\quad a_E=1.12,\quad p_m=7\ \mathrm{tf/s^2}=6.86\mathrm{E}4\ \mathrm{N/s^2},\quad \theta_k=35°$$

采用前面介绍的算法，计算速度和轨迹等数据，输出数据文件（见表5-3），并绘制曲线，如图5-1～图5-3所示。

表5-3 例5-1的计算结果

t/s	x/km	y/km	h/km	V/(km·s^{-1})
0.000	0.000 0	0.000 0	0.000 0	0.000 0
2.304	0.000 0	0.018 7	0.018 7	0.015 4
4.608	0.000 0	0.073 5	0.073 5	0.031 3
6.912	0.000 0	0.165 8	0.165 8	0.047 9
9.216	0.002 7	0.297 0	0.297 0	0.065 0
11.520	0.014 0	0.468 0	0.468 0	0.082 8
13.824	0.037 6	0.679 8	0.679 8	0.101 2
16.128	0.077 2	0.933 2	0.933 2	0.120 3
18.432	0.136 2	1.228 5	1.228 5	0.140 1
20.736	0.218 5	1.566 4	1.566 4	0.160 6
23.04	0.327 6	1.946 9	1.947 0	0.181 9
25.344	0.467 2	2.370 4	2.370 4	0.203 9
27.648	0.640 6	2.836 0	2.836 0	0.225 9
29.952	0.850 0	3.340 6	3.340 7	0.246 9
32.256	1.096 6	3.880 0	3.880 0	0.266 7
34.560	1.382 6	4.452 1	4.452 3	0.287 5
36.864	1.711 3	5.058 1	5.058 3	0.309 8
39.168	2.086 1	5.699 1	5.699 5	0.333 7
41.472	2.511 2	6.376 8	6.377 3	0.359 4
43.776	2.990 7	7.092 7	7.093 4	0.387 2
46.080	3.529 4	7.849 0	7.850 0	0.417 3
48.384	4.132 3	8.647 9	8.649 2	0.449 9
50.688	4.804 9	9.491 9	9.493 7	0.485 3
52.992	5.553 4	10.383 8	10.386 2	0.523 6
55.296	6.383 9	11.326 4	11.329 6	0.564 9
57.600	7.302 9	12.322 5	12.326 7	0.609 3
59.904	8.317 1	13.374 7	13.380 2	0.656 9
62.208	9.433 1	14.486 0	14.492 9	0.707 6
64.512	10.657 9	15.658 9	15.667 8	0.761 7

续表 5-3

t/s	x/km	y/km	h/km	V/(km·s^{-1})
66.816	11.998 3	16.896 5	16.907 8	0.819 0
69.120	13.461 4	18.201 7	18.215 9	0.879 7
71.424	15.054 2	19.577 5	19.595 2	0.943 9
73.728	16.783 6	21.027 3	21.049 4	1.011 5
76.032	18.656 9	22.554 7	22.581 9	1.082 7
78.336	20.681 0	24.163 6	24.197 0	1.157 7
80.640	22.863 2	25.858 2	25.899 0	1.236 5
82.944	25.210 9	27.643 4	27.693 1	1.319 3
85.248	27.731 4	29.524 7	29.584 8	1.406 2
87.552	30.432 5	31.508 1	31.580 4	1.497 7
89.856	33.321 9	33.600 3	33.687 0	1.593 8
92.160	36.407 8	35.809 2	35.912 6	1.695 0
94.464	39.698 8	38.143 4	38.266 3	1.801 6
96.768	43.203 7	40.612 7	40.758 3	1.914 1
99.072	46.932 0	43.228 3	43.400 0	2.033 0
101.376	50.893 8	46.002 8	46.204 7	2.158 9
103.680	55.101 1	48.948 8	49.185 3	2.292 6
105.984	59.569 4	52.077 5	52.353 8	2.435 0
108.288	64.316 0	55.401 1	55.723 0	2.587 2
110.592	69.360 6	58.933 4	59.307 5	2.750 4
112.896	74.725 5	62.690 0	63.123 9	2.926 2
115.200	80.436 5	66.688 9	67.191 4	3.116 5

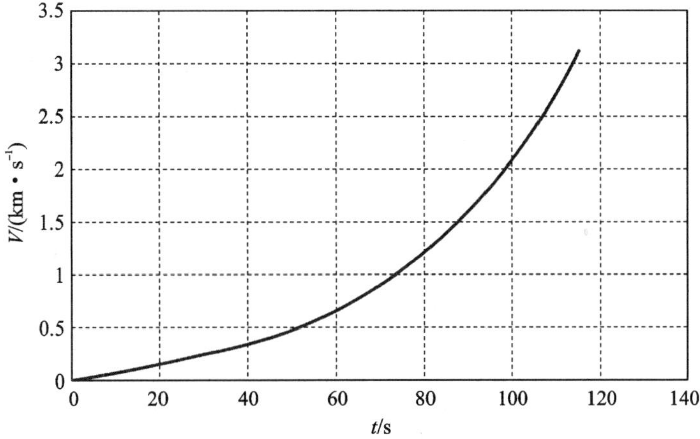

图 5-1　例 5-1 速度曲线

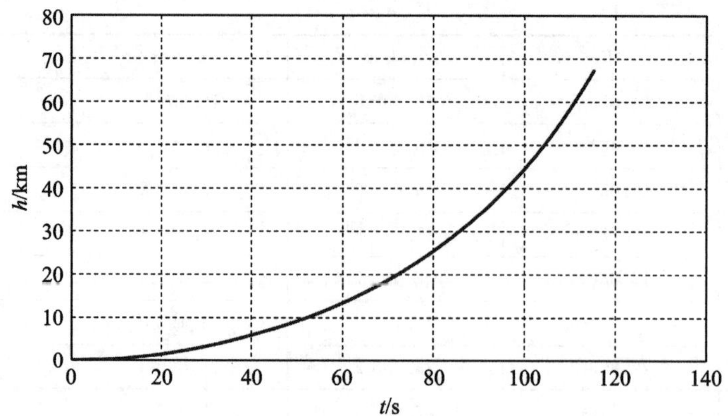

图 5－2　例 5－1 高度曲线

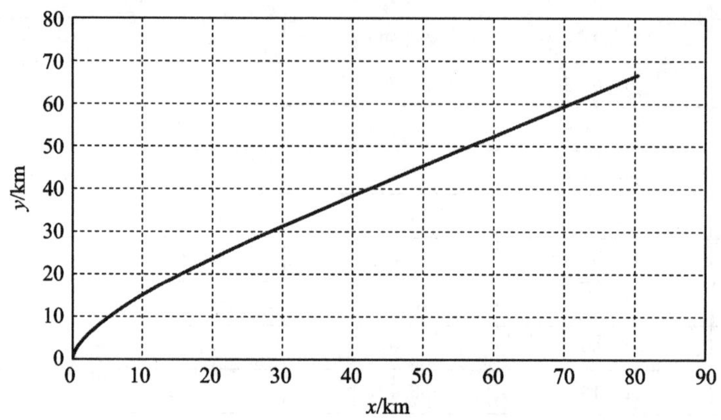

图 5－3　例 5－1 的轨迹曲线

5.3　速度计算的精确算法

本节采用微分方程的数值解法来更加精确地实现飞行速度和飞行轨迹的计算。首先，将运载火箭的简化运动方程转换成一种新的形式，运载火箭某时刻的质量记为

$$m = m_0 - q_m t \tag{5-16}$$

当前时刻运载火箭的质量比为

$$\mu = \frac{m}{m_0} \tag{5-17}$$

将式(5－16)和式(5－17)代入方程(4－3)得到

$$\frac{\mathrm{d}v}{\mathrm{d}t} = \frac{P_{\mathrm{v}}}{m_0 - q_m t} - g\sin\theta - \frac{D}{\mu m_0} - \frac{S_{\mathrm{a}} p}{\mu m_0} \tag{5-18}$$

将气动阻力公式代入式(5－18)并整理得到

$$\frac{\mathrm{d}v}{\mathrm{d}t} = \frac{1}{\dfrac{m_0}{P_{\mathrm{v}}} - \dfrac{q_m}{P_{\mathrm{v}}} t} - g\sin\theta - \frac{\rho v^2 C_D S_m}{2\mu m_0} - \frac{S_{\mathrm{a}} p}{\mu m_0} \tag{5-19}$$

令

$$\frac{\mathrm{d}V_0}{\mathrm{d}t}=\frac{1}{\frac{m_0}{P_v}-\frac{q_m}{P_v}t} \tag{5-20}$$

$$\frac{\mathrm{d}V_1}{\mathrm{d}t}=g\sin\theta \tag{5-21}$$

$$\frac{\mathrm{d}V_2}{\mathrm{d}t}=\frac{\rho v^2 C_D S_m}{2\mu m_0} \tag{5-22}$$

$$\frac{\mathrm{d}V_3}{\mathrm{d}t}=\frac{S_a p}{\mu m_0} \tag{5-23}$$

由地面重推比的定义式

$$\nu_0=G_0/P_0 \tag{5-24}$$

得到

$$\frac{m_0}{P_0}=\frac{\nu_0}{g_0} \tag{5-25}$$

由地面有效比冲的定义式

$$I_{sp0}^{E}=\frac{P_0}{q_{m0}g_0} \tag{5-26}$$

得到

$$\frac{q_{m0}}{P_0}=\frac{1}{I_{sp0}^{E}g_0} \tag{5-27}$$

由前面给出的 a_E 定义

$$a_E=\frac{P_v}{\eta P_0}=\frac{I_{spv}^{E}}{I_{sp0}^{E}} \tag{5-28}$$

得到

$$P_v=a_E\eta P_0 \tag{5-29}$$

其中

$$\eta=\frac{q_m}{q_{mo}} \tag{5-30}$$

将式(5-29)和式(5-24)代入$\frac{m_0}{P_v}$,于是有

$$\frac{m_0}{P_v}=\frac{m_0}{a_E\eta P_0}=\frac{\nu_0}{a_E\eta g_0} \tag{5-31}$$

将式(5-29)和式(5-26)代入$\frac{q_m}{P_v}$,于是有

$$\frac{q_m}{P_v}=\frac{\eta q_{m0}}{a_E\eta F_{E0}}=\frac{1}{a_E I_{sp0}^{E}g_0} \tag{5-32}$$

将式(5-31)和式(5-32)代入式(5-20)得到

$$\frac{\mathrm{d}V_0}{\mathrm{d}t}=\frac{1}{\frac{\nu_0}{a_E\eta g_0}-\frac{1}{a_E I_{sp0}^{E}g_0}t}$$

进一步整理得到

$$\frac{dV_0}{dt}=\frac{I_{sp0}^{E}a_{E}\eta g_0}{\nu_0 I_{sp0}^{E}-\eta t} \tag{5-33}$$

由时间公式

$$t=\nu_0 I_{sp0}^{E}(1-\mu) \tag{5-34}$$

得到

$$\mu=1-\frac{t}{\nu_0 I_{sp0}^{E}} \tag{5-35}$$

由 p_m 的定义式得到

$$p_m=\frac{G_0}{S_m}=\frac{m_0 g_0}{S_m} \tag{5-36}$$

将式(5－35)和式(5－36)代入式(5－22)，整理得到

$$\frac{dV_2}{dt}=\frac{\rho v^2 C_D g_0 \nu_0 I_{sp0}^{E}}{2(\nu_0 I_{sp0}^{E}-t)p_m} \tag{5-37}$$

因为

$$S_a p=S_a p_0\frac{p}{p_0} \tag{5-38}$$

将式(4－28)代入式(5－38)，可以进一步写成

$$S_a p=(a_E-1)\frac{p}{p_0}P_0 \tag{5-39}$$

将式(5－35)和式(5－39)代入式(5－23)，并进一步整理得到

$$\frac{dV_3}{dt}=\frac{I_{sp0}^{E}(a_E-1)g_0}{(\nu_0 I_{sp0}^{E}-t)}\frac{p}{p_0} \tag{5-40}$$

整理前面推导的公式，得到一组包含设计参数的微分方程组如下：

$$\left.\begin{aligned}
&\frac{dV_0}{dt}=\frac{g_0 I_{sp0}^{E}a_E\eta}{\nu_0 I_{sp0}^{E}-\eta t}\\
&\frac{dV_1}{dt}=g\sin\theta\\
&\frac{dV_2}{dt}=\frac{\rho v^2 C_D\nu_0 g_0 I_{sp0}^{E}}{2(\nu_0 I_{sp0}^{E}-t)p_m}\\
&\frac{dV_3}{dt}=\frac{g_0 I_{sp0}^{E}(a_E-1)}{(\nu_0 I_{sp0}^{E}-t)}\frac{p}{p_0}\\
&\theta=\theta(t)\\
&v=V_0-V_1-V_2-V_3\\
&\frac{dx}{dt}=v\cos\theta\\
&\frac{dy}{dt}=v\sin\theta
\end{aligned}\right\} \tag{5-41}$$

其中飞行程序由式(3－10)定义；大气模型参数由 5.1 节中的公式计算，积分时间区间是

$[0,t_k]$，t_k 由式(4－18)求解。该微分方程组可以采用龙格-库塔法(Runge-Kutta method)等方法求解。该算法的 C 语言程序实现见附录 5.3，其中微分方程求解方法用的是欧拉-柯西法(Euler-Cauchy method)。

5.4　微分方程组求解的 Euler 和 Runge－Kutta 方法

运载火箭的主动段运动方程(5－41)是一组已知初值的微分方程组的求解问题，这类问题被称为初值问题，用以下微分方程的一般形式表达：

$$\left.\begin{aligned}\frac{\mathrm{d}\boldsymbol{y}}{\mathrm{d}t}&=f(t,y)\\ \boldsymbol{y}(0)&=y_0\end{aligned}\right\}\tag{5-42}$$

其中，$\boldsymbol{y}$ 是一个向量，变量 $t\in[0,t_f]$。

首先，考察最简单的情况。根据微分的定义

$$\frac{\mathrm{d}\boldsymbol{y}}{\mathrm{d}t}=\lim t\ \frac{\Delta y}{\Delta t}\tag{5-43}$$

取数值近似，式(5－19)可以近似表示为

$$\frac{\boldsymbol{y}_{n+1}-\boldsymbol{y}_n}{\Delta t}\approx f(t_n,\boldsymbol{y}_n)\tag{5-44}$$

其中，Δt 为积分步长

$$\Delta t=t_{n+1}-t_n\tag{5-45}$$

于是得到 Euler 方法

$$\boldsymbol{y}_{n+1}=\boldsymbol{y}_n+\Delta t f(t_n,\boldsymbol{y}_n)\tag{5-46}$$

式(5－46)也可以被写成更一般的形式：

$$\boldsymbol{y}_{n+1}=\boldsymbol{y}_n+\Delta t\phi(t_n,\boldsymbol{y}_n)\tag{5-47}$$

其中，当 $\phi(t_n,\boldsymbol{y}_n)$取积分区间的中点的微分时，就得到了修正的 Euler－Cauchy 方法，也被称作二阶 Runge－Kutta 方法，

$$\boldsymbol{y}_{n+1}=\boldsymbol{y}_n+\Delta t f\left[t_n+\frac{\Delta t}{2},\boldsymbol{y}_n+\frac{\Delta t}{2}f(t_n,\boldsymbol{y}_n)\right]\tag{5-48}$$

然后按照如下过程求解：

$$\left.\begin{aligned}t_1&=t_n+0.5\Delta t\\ \boldsymbol{f}_1&=f(t_n,\boldsymbol{y}_n)\\ \boldsymbol{f}_1&=\boldsymbol{y}_n+0.5\Delta t\boldsymbol{f}_1\\ \boldsymbol{f}_2&=f(t_1,\boldsymbol{f}_1)\\ \boldsymbol{y}_{n+1}&=\boldsymbol{y}_n+\Delta t\boldsymbol{f}_2\end{aligned}\right\}\tag{5-49}$$

另一个被广泛使用的精度更高的 Runge－Kutta 方法是 4 阶 Runge－Kutta 方法，其算法列在下面：

$$\left.\begin{aligned} \boldsymbol{f}_1 &= f(t_n, \boldsymbol{y}_n) \\ \boldsymbol{f}_2 &= f\left(t_n + \frac{\Delta t}{2}, \boldsymbol{y}_n + \frac{\Delta t}{2}\boldsymbol{f}_1\right) \\ \boldsymbol{f}_3 &= f\left(t_n + \frac{\Delta t}{2}, \boldsymbol{y}_n + \frac{\Delta t}{2}\boldsymbol{f}_2\right) \\ \boldsymbol{f}_4 &= f(t_n + \Delta t, \boldsymbol{y}_n + \Delta t \boldsymbol{f}_3) \\ \boldsymbol{y}_{n+1} &= \boldsymbol{y}_n + \frac{\Delta t}{6}(\boldsymbol{f}_1 + 2\boldsymbol{f}_2 + 2\boldsymbol{f}_3 + \boldsymbol{f}_4) \end{aligned}\right\} \tag{5-50}$$

需要注意的是，上面算法中 $\boldsymbol{f}_i$ 和 $\boldsymbol{y}_n$ 都是向量，其维数是待求解微分方程的个数。

5.5 运载火箭的速度分析实例

根据航程，可估算出需要的关机速度 v_k，根据 5.2 节或 5.3 节、5.4 节介绍的运载火箭的速度计算算法，可以绘制出关机速度和设计参数之间的曲线，如图 5-4 所示，图中绘制了火箭质量比 μ_k 从 0.5～0.2 变化时，重推比 ν_0 分别取 0.5、0.6、0.7、0.8 等不同值时，关机速度的变化情况。式(2-40)给出了关机速度和射程之间的关系，所以根据这些曲线和式(2-40)就可以选择出满足特定射程需要的各种设计方案。

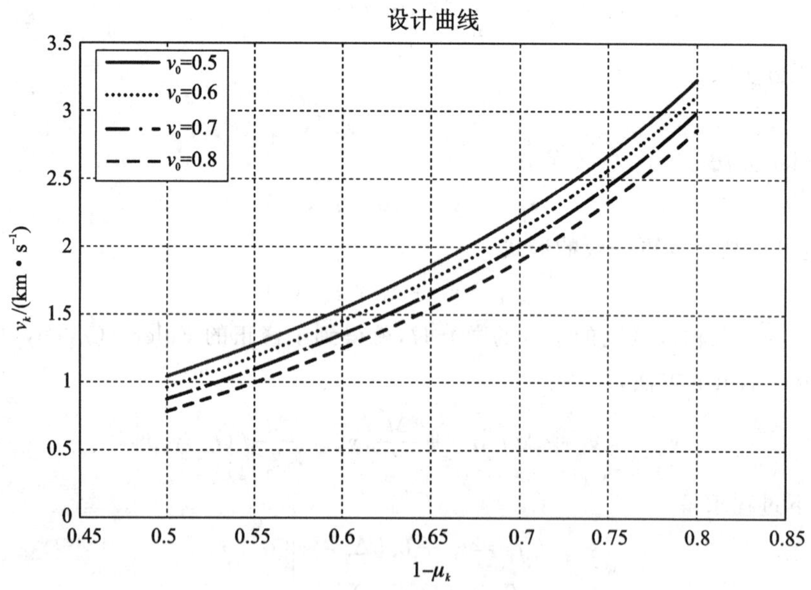

图 5-4　关机速度与主要设计参数之间的关系

例 5-2　要求某弹道导弹的射程为 500 km，请根据速度分析曲线初步选择弹道导弹的设计参数关机点质量比 μ_k 和地面起飞重推比 ν_0。

解： 假定关机点高度为 100 km，由设计要求可知，导弹射程要求为 500 km，于是由关机速度计算式(2-41)计算得到

$$v_k = 11.10\sqrt{\tan\left(\frac{l_{\text{B.F.}}^{\max}}{2\times 6\ 371}\right)\tan\left(\frac{\pi}{4}-\frac{l_{\text{B.F.}}^{\max}}{4\times 6\ 371}\right)} = 2.16\ \text{km/s}$$

观察图 5-4,速度范围包含了关机速度,大家可以直接利用该曲线,初步取重推比 $\nu_0=0.6$,从曲线上可以量得 $1-\mu_k\approx0.70$,也就是 $\mu_k\approx0.30$。

所以得到导弹初步设计参数为

$$\nu_0=0.6$$

$$\mu_k\approx0.30$$

由图 5-4 中曲线可知,当关机速度一定时,如果选择较小的重推比 ν_0,则对应的关机质量比 μ_k 就较大;如果选用较大的重推比 ν_0,则对应的质量比 μ_k 就较小。那么如何选择这一组参数呢?理论上 μ_k 越小越好,但实际中能否制造出这样的火箭呢?如果能,制造成本是否经济呢?不难发现,问题在于主要的设计参数通过运载火箭的质量联系在一起,要最终解决这个问题,还必须分析火箭的质量与各个设计参数之间的关系,以最终选出合理的设计方案。

5.6　探空火箭的飞行速度分析

探空火箭是一种最简单的火箭,但它具备一枚火箭许多关键的特点,人们不仅可以通过它实现一些大气参数探测任务,而且可以通过研究探空火箭设计过程来深入理解火箭的基本工作原理和设计思路,所以在这里用一定篇幅来讨论探空火箭设计的分析过程和设计工具曲线的绘制。探空火箭一般采用垂直发射,飞行过程是,在经历动力加速段之后进入自由飞行段,当火箭达到最高点后,开始下落过程,直至回到地面。本节将从两个途径来进行探空火箭的速度分析,同时给出其飞行高度的计算方法,为设计参数的选择提供参考。

5.6.1　简单估算方法

考虑到探空火箭飞行高度相对较低,飞行过程中假定重力加速度为常量,取 $g=9.8\ \mathrm{m/s^2}$,忽略气动力影响,如果探空火箭比较小,还可以假定飞行过程中质量没有变化,火箭的质量近似取为起飞质量与干重质量的平均值,于是飞行过程近似认为推力导致的加速度为常值,记为

$$a=\frac{2P}{m_0+m_k}=\frac{2P}{m_0(1+\mu_k)}=\frac{1}{\nu_0}\frac{2}{1+\mu_k}g_0 \tag{5-51}$$

根据物理学中的基本原理,加速段飞行段的飞行高度为

$$h_k=\frac{1}{2}(a-g_0)t_k^2 \tag{5-52}$$

加速飞行段终点的速度为

$$v_k=(a-g_0)t_k=\left[\frac{2}{\nu_0(1+\mu_k)}-1\right]g_0t_k \tag{5-53}$$

设从加速段结束到最高点的飞行时间为 t_2,则

$$t_2=\frac{v_k}{g_0}=\frac{a-g_0}{g_0}t_k=\left[\frac{2}{\nu_0(1+\mu_k)}-1\right]t_k \tag{5-54}$$

从加速段结束到最高点的飞行高度为

$$h_2=v_kt_2-\frac{1}{2}g_0t_2^2=\frac{1}{2}\frac{(a-g_0)^2}{g_0}t_k^2 \tag{5-55}$$

于是总的飞行高度为

$$H = h_k + h_2 = \frac{1}{\nu_0(1+\mu_k)}\left[\frac{2}{\nu_0(1+\mu_k)} - 1\right] g_0 t_k^2 \tag{5-56}$$

于是得到加速段的飞行时间 t_k 和飞行高度 H 的关系式如下：

$$t_k = \sqrt{\frac{H\nu_0(1+\mu_k)}{\left[\frac{2}{\nu_0(1+\mu_k)} - 1\right] g_0}} = \sqrt{\frac{H\left[\nu_0(1+\mu_k)\right]^2}{\left[2-\nu_0(1+\mu_k)\right] g_0}} \tag{5-57}$$

总飞行时间为

$$T = t_k + t_2 = \frac{2}{\nu_0(1+\mu_k)} t_k \tag{5-58}$$

与运载火箭一样，探空火箭关机时的质量比为

$$\mu_k = \frac{m_0 - q_m t_k}{m_0} = 1 - \frac{q_m}{m_0} t_k \tag{5-59}$$

由 μ_k 的计算式(5-59)可以推导出动力段飞行时间计算公式

$$t_k = \frac{m_0(1-\mu_k)}{q_m} \tag{5-60}$$

由地面比冲定义式(5-26)得到

$$q_m = \frac{P}{I_{sp0}^{E} g_0} \tag{5-61}$$

将式(5-61)代入式(5-60)得到

$$t_k = \frac{m_0 g_0 I_{sp0}^{E}(1-\mu_k)}{P} \tag{5-62}$$

将地面重推比公式代入式(5-62)，得到关机时间求解公式如下：

$$t_k = \nu_0 I_{sp0}^{E}(1-\mu_k) \tag{5-63}$$

该公式与运载火箭的关机时间计算式(4-18)也完全一样。联立式(5-57)和式(5-63)得到

$$H = \frac{\left[I_{sp0}^{E}(1-\mu_k)\right]^2\left[2-\nu_0(1+\mu_k)\right]}{(1+\mu_k)^2} g_0 \tag{5-64}$$

将式(5-64)改变形式得到

$$\nu_0 = \frac{2}{1+\mu_k} - \frac{H(1+\mu_k)}{g_0\left[I_{sp0}^{E}(1-\mu_k)\right]^2} \tag{5-65}$$

下面来讨论 μ_k 的取值范围。

当 $\nu_0 > 0$ 时，得到

$$(2-k)\mu_k^2 - (4+2k)\mu_k + 2 - k > 0 \tag{5-66}$$

其中

$$k = \frac{H}{g_0 {I_{sp0}^{E}}^2} \tag{5-67}$$

令不等式右边等于0，解得两个根

$$\mu_k = 1 + \frac{2k}{2-k} \pm \frac{2\sqrt{2k}}{2-k} \tag{5-68}$$

分析可以得到 μ_k 的上限，即

$$\mu_k < 1 - \frac{2(\sqrt{2k} - k)}{2 - k} \tag{5-69}$$

当 $\nu_0 < 1$ 时，得到

$$(1 - \mu_k)^3 - k(\mu_k + 1)^2 < 0 \tag{5-70}$$

令上式右边等于 0 可以解得 μ_k 的下限，求解方法可以用 Newton - Raphson 方法。该计算方法的参考程序见附录 5.4。

根据式(5-64)设计人员可以通过所需要的飞行高度，选择重推比 ν_0 和质量比 μ_k，然后可以进一步实现探空火箭其他参数的设计。取 $\mu_k = 0.7$，$I_{sp0}^E = 250$ s，绘制探空火箭飞行高度和重推比之间的关系曲线如图 5-5 所示，探空火箭飞行高度与重推比呈线性关系。图 5-6 给出了探空火箭重推比和关机点速度之间的关系曲线，当 μ_k 和 I_{sp0}^E 取不同值时，可以绘制不同的曲线，供设计使用。值得注意的是，该节中的公式没有考虑探空火箭飞行过程中质量的变化，所以所得结果是偏于保守的，建议用于飞行高度较小的小型实验探空火箭的设计。式(5-65)给出了两个重要设计参数 ν_0 和 μ_k 之间的关系，通过式(5-69)和式(5-70)可以得到 μ_k 的上限和下限值，于是可以根据式(5-65)绘制 ν_0 和 μ_k 的关系曲线。图 5-7 绘制出了当探空火箭飞行高度 H 为 10 000 m、推进剂比冲为 250 s 时的 $\nu_0 - \mu_k$ 曲线，该曲线可以帮助读者进行总体设计参数的选择和协调。

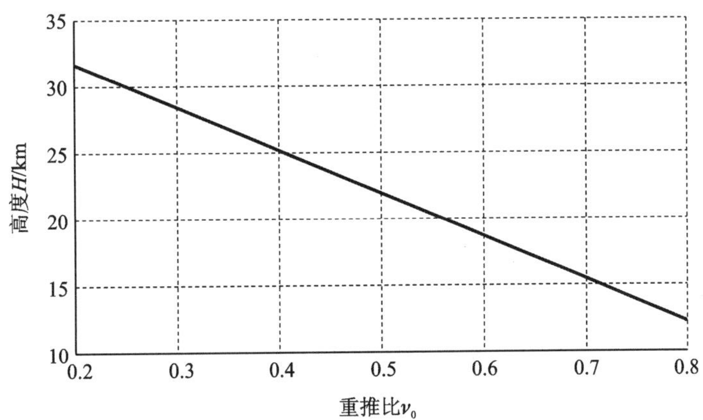

图 5-5　不考虑质量变化时探空火箭重推比与飞行高度的关系

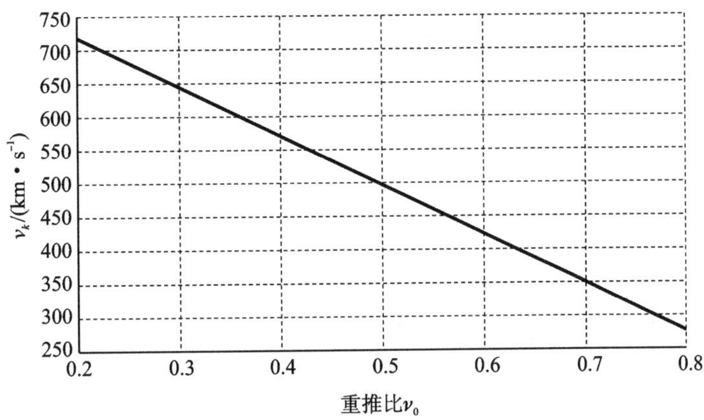

图 5-6　不考虑质量变化时探空火箭重推比与关机速度的关系

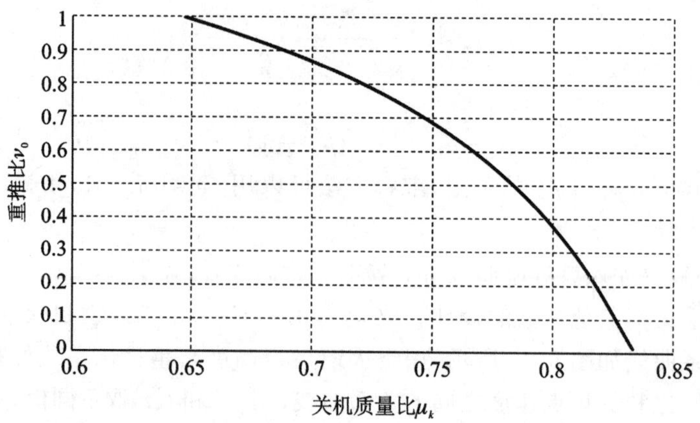

图 5－7　高度为 10 000 m，比冲为 250 s 时，重推比和关机质量比之间的关系

例 5－3　设某探空火箭飞行高度为 10 000 m，假定发动机推进剂地面有效比冲为 250 s，关机时的质量比为 0.8，不计质量在飞行过程中的变化，请估计火箭的重推比、飞行时间和推力终止时的飞行速度。

解：已知

$$H = 10\,000\ \text{m}$$

$$I_{\text{sp0}}^{\text{E}} = 250\ \text{s}$$

$$\mu_k = 0.80$$

取地面重力加速度为 $g_0 = 9.8\ \text{m/s}^2$。

首先计算重推比：

$$\nu_0 = \frac{2}{1+\mu_k} - \frac{H(1+\mu_k)}{g_0\left[I_{\text{sp0}}^{\text{E}}(1-\mu_k)\right]^2} = 0.376$$

然后计算关机时间：

$$t_k = \sqrt{\frac{H\left[\nu_0(1+\mu_k)\right]^2}{\left[2-\nu_0(1+\mu_k)\right]g_0}} = 18.821\ \text{s}$$

再计算关机速度：

$$v_k = \left[\frac{2}{\nu_0(1+\mu_k)} - 1\right] g_0 t_k = 0.360\ \text{km/s}$$

最后计算总的飞行时间：

$$T = \frac{2}{\nu_0(1+\mu_k)} t_k = 55.556\ \text{s}$$

5.6.2　更精确的估算方法

仍然假定探空火箭飞行全过程重力加速度保持不变，取 $g = 9.8\ \text{m/s}^2$，忽略气动力影响，但探空火箭飞行质量随高度变化，假定探空火箭推进剂秒消耗质量为 q_m，于是探空火箭的理想速度可以通过下面的微分方程求解：

$$\frac{\mathrm{d}v_{\text{id}}}{\mathrm{d}t} = \frac{P}{m_0 - q_m t} \tag{5-71}$$

将等式两边积分：

$$v_{\mathrm{id}}=\int_0^{t_k}\frac{P}{m_0-q_m t}\mathrm{d}t=-\frac{P}{q_m}\int_0^{t_k}\frac{1}{m_0-q_m t}\mathrm{d}(m_0-q_m t) \tag{5-72}$$

最终得到

$$v_{\mathrm{id}}=-\frac{P}{q_m}\ln\frac{m_0-q_m t_k}{m_0} \tag{5-73}$$

将式(5-56)代入式(5-73)得到

$$v_{\mathrm{id}}=-I_{\mathrm{sp0}}^{\mathrm{E}}g_0\ln\mu_k \tag{5-74}$$

该公式和运载火箭理想速度公式是一样的。

重力导致的速度损失为

$$v_1=\int_0^{t_k}g_0\mathrm{d}t=g_0 t_k=g_0\nu_0 I_{\mathrm{sp0}}^{\mathrm{E}}(1-\mu_k) \tag{5-75}$$

关机时的速度近似计为

$$v_k=v_{\mathrm{id}}-v_1=-I_{\mathrm{sp0}}^{\mathrm{E}}g_0\ln\mu_k-g_0\nu_0 I_{\mathrm{sp0}}^{\mathrm{E}}(1-\mu_k) \tag{5-76}$$

设自由飞行段达到最高点的时间为 t_2，则

$$t_2=\frac{v_k}{g_0} \tag{5-77}$$

于是探空火箭上升段总飞行时间为

$$T=t_k+t_2 \tag{5-78}$$

下面讨论探空火箭的飞行高度的求解。首先，探空火箭自由段对飞行高度的贡献为

$$y_2=v_k t_2-\frac{1}{2}g_0 t_2^2=\frac{1}{2}\frac{v_k^2}{g_0} \tag{5-79}$$

其动力段的飞行高度可以用下面的积分计算得到：

$$y_1=\int_0^{t_k}v\mathrm{d}t \tag{5-80}$$

其中速度为

$$v=\int\left(\frac{P}{m}-g_0\right)\mathrm{d}t=\int\frac{P}{m_0-q_m t}\mathrm{d}t-\int g_0\mathrm{d}t \tag{5-81}$$

引入积分常数 C 得到

$$v=-\frac{P}{q_m}\ln(m_0-q_m t)-g_0 t+C \tag{5-82}$$

当时间 $t=0$ 时，$v=0$，得到积分常数

$$C=\frac{P}{q_m}\ln m_0 \tag{5-83}$$

所以得到速度计算公式为

$$v=-\frac{P}{q_m}\ln\left(\frac{m_0-q_m t}{m_0}\right)-g_0 t \tag{5-84}$$

将比冲的定义式(4-14)代入式(5-84)，进一步整理得到

$$v=-I_{\mathrm{sp0}}^{\mathrm{E}}g_0\ln\left(\frac{m_0-q_m t}{m_0}\right)-g_0 t \tag{5-85}$$

将速度计算式(5-85)代入到动力段的飞行高度计算式(5-80)得到

$$y_1 = \int_0^{t_k} \left[- I_{\mathrm{sp0}}^{\mathrm{E}} g_0 \ln\left(\frac{m_0 - q_m t}{m_0} \right) - g_0 t \right] \mathrm{d}t \tag{5-86}$$

变形后得到

$$y_1 = I_{\mathrm{sp0}}^{\mathrm{E}} g_0 \frac{m_0}{q_m} \int_0^{t_k} \ln\left(\frac{m_0 - q_m t}{m_0} \right) \mathrm{d}\left(\frac{m_0 - q_m t}{m_0} \right) - \frac{1}{2} g_0 t_k^2 \tag{5-87}$$

积分得到

$$y_1 = I_{\mathrm{sp0}}^{\mathrm{E}} g_0 \frac{m_0}{q_m} \left[\frac{m_0 - q_m t}{m_0} \ln\left(\frac{m_0 - q_m t_k}{m_0} \right) - \frac{m_0 - q_m t_k}{m_0} + 1 \right] - \frac{1}{2} g_0 t_k^2 \tag{5-88}$$

代入参数 μ_k 的定义式(5-59)最终得到

$$y_1 = I_{\mathrm{sp0}}^{\mathrm{E}} g_0 \frac{m_0}{q_m} (\mu_k \ln \mu_k - \mu_k + 1) - \frac{1}{2} g_0 t_k^2 \tag{5-89}$$

由式(5-59)得到

$$\frac{m_0}{q_m} = \frac{t_k}{1 - \mu_k} \tag{5-90}$$

代入式(5-89)得到

$$y_1 = I_{\mathrm{sp0}}^{\mathrm{E}} g_0 \left(\frac{\mu_k}{1 - \mu_k} \ln \mu_k + 1 \right) t_k - \frac{1}{2} g_0 t_k^2 \tag{5-91}$$

于是,探空火箭总飞行高度为

$$H = y_1 + y_2 = I_{\mathrm{sp0}}^{\mathrm{E}} g_0 \left(\frac{\mu_k}{1 - \mu_k} \ln \mu_k + 1 \right) t_k - \frac{1}{2} g_0 t_k^2 + \frac{1}{2} \frac{v_k^2}{g_0} \tag{5-92}$$

将式(5-60)、式(5-76)代入式(5-92)并整理得到

$$H = (I_{\mathrm{sp0}}^{\mathrm{E}})^2 g_0 (\ln \mu_k + 1 - \mu_k) \nu_0 + \frac{1}{2} (I_{\mathrm{sp0}}^{\mathrm{E}})^2 g_0 \ln^2 \mu_k \tag{5-93}$$

改变形式得到

$$\nu_0 = \frac{2H - (I_{\mathrm{sp0}}^{\mathrm{E}})^2 g_0 \ln^2 \mu_k}{2 (I_{\mathrm{sp0}}^{\mathrm{E}})^2 g_0 (\ln \mu_k + 1 - \mu_k)} \tag{5-94}$$

下面来讨论关机时的质量比 μ_k 的合理取值范围。显然

$$0 < \mu_k < 1$$

所以

$$\ln \mu_k + 1 - \mu_k < 0$$

因为

$$\nu_0 > 0$$

所以

$$2H - (I_{\mathrm{sp0}}^{\mathrm{E}})^2 g_0 \ln^2 \mu_k < 0$$

于是得到 μ_k 的上限为

$$\mu_k < \mathrm{e}^{-\sqrt{\frac{2H}{(I_{\mathrm{sp0}}^{\mathrm{E}})^2 g_0}}} \tag{5-95}$$

找到 μ_k 准确下限并不容易,由于 $\nu_0 < 1.0$,根据式(5-94)可知

$$\ln^2 \mu_k + 2 \ln \mu_k - 2\mu_k + 2 - \frac{2H}{(I_{\mathrm{sp0}}^{\mathrm{E}})^2 g_0} < 0 \tag{5-96}$$

将式(5－96)左边的前两项运用泰勒展开取二阶近似，得到

$$-\frac{\ln \mu_{k0}}{\mu_{k0}^{2}}\mu_{k}^{2}+\left(\frac{4\ln \mu_{k0}+2}{\mu_{k0}}-2\right)\mu_{k}+\ln^{2}\mu_{k0}-2\ln \mu_{k0}-\frac{2H}{(I_{sp0}^{E})^{2}g_{0}}<0 \quad (5-97)$$

求解上面的不等式，可以得到 μ_k 的近似上下限为

$$\frac{-\mu_{k0}(2\ln \mu_{k0}+1-\mu_{k0})\pm\mu_{k0}\sqrt{(2\ln \mu_{k0}+1-\mu_{k0})^{2}+\ln^{3}\mu_{k0}-\ln^{2}\mu_{k0}-2\ln \mu_{k0}\dfrac{H}{(I_{sp0}^{E})^{2}g_{0}}}}{-\ln \mu_{k0}} \quad (5-98)$$

上限已经有了更精确的解，在这里忽略，取 $\mu_{k0}=0.4$，得到下限的一个近似公式供参考：

$$\mu_{k}>0.538-0.437\sqrt{1.833\frac{H}{(I_{sp0}^{E})^{2}g_{0}}-0.090} \quad (5-99)$$

该计算方法的参考程序见附录 5.4。采用本节介绍的式(5－93)，取 $\mu_k=0.55$，$I_{sp0}^{E}=250$ s，绘制探空火箭飞行高度和重推比之间的关系曲线如图 5－8 所示。飞行高度与重推比仍然呈线性关系，但绘制该曲线的算法考虑了火箭质量的变化，可以用于设计射程更高的探空火箭。关机速度和重推比之间的关系曲线如图 5－9 所示。当规定探空火箭的飞行高度时，给定比冲 I_{sp0}^{E}，可以绘制 ν_0 和 μ_k 的关系曲线，便于设计使用，当飞行高度为 50 km 时，$I_{sp0}^{E}=250$ s。参考式(5－95)和式(5－99)给出的上下限，绘制 ν_0 和 μ_k 的关系曲线如图 5－10 所示。设计时，可以直接利用本节介绍的公式计算，或者首先绘制类似于图 5－8～图 5－10 所示的曲线，然后选择合适的设计参数。曲线带来的好处是可以直接看到参数的相互影响和变化趋势，直观简洁。鉴于本节公式仍然没有考虑火箭的气动力影响，参考该曲线设计的结果有偏于乐观的趋势。

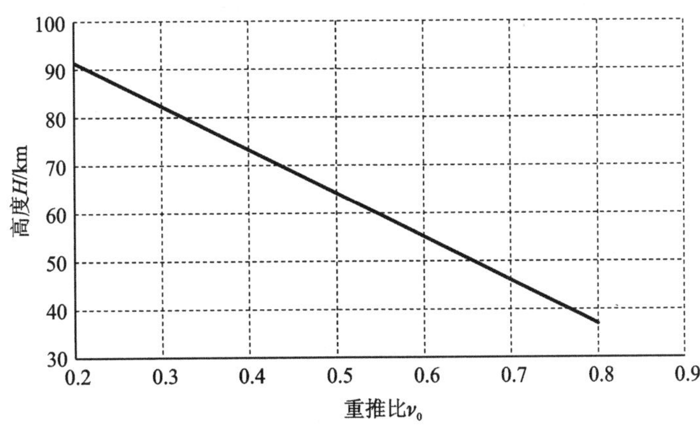

图 5－8　探空火箭重推比和飞行高度的关系

例 5－4　探空火箭飞行高度为 50 000 m，假定比冲 $I=250$ s，关机时的质量比为 0.55，请选择重推比 ν_0，并估计总飞行时间、推力终止时的飞行速度和时间。

解：由于探空火箭飞行高度较高，应该考虑其质量在飞行过程中的变化，于是采用本节的公式计算，具体过程如下。

① 计算重推比：

$$\nu_{0}=\frac{2H-(I_{sp0}^{E})^{2}g_{0}\ln^{2}\mu_{k}}{2(I_{sp0}^{E})^{2}g_{0}(\ln \mu_{k}+1-\mu_{k})}=0.657$$

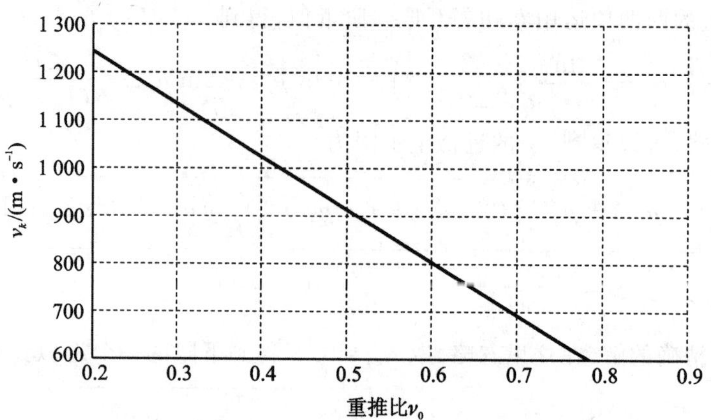

图 5-9　探空火箭重推比和关机速度的关系

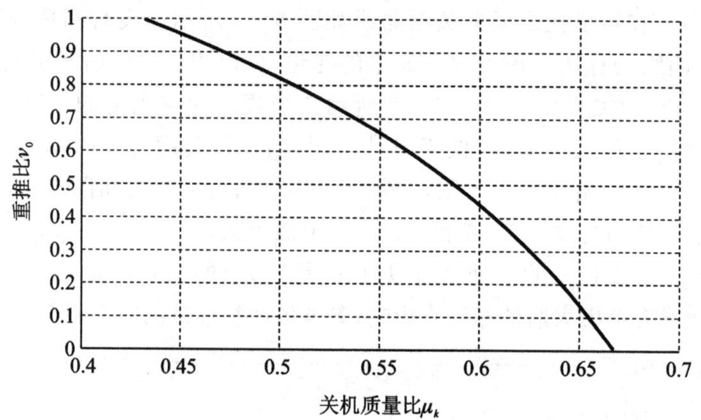

图 5-10　$H=50$ km，$I_{sp0}^{E}=250$ s 时，ν_0 和 μ_k 的关系曲线

② 估算关机时的速度：

$$v_k=-I_{sp0}^{E}g_0\ln\mu_k-g_0\nu_0 I_{sp0}^{E}(1-\mu_k)=0.741\ \mathrm{km/s}$$

③ 计算动力段的飞行时间：

$$t_k=\nu_0 I_{sp0}^{E}(1-\mu_k)=73.869\ \mathrm{s}$$

④ 估算总飞行时间：

$$t=t_k+\frac{v_k}{g_0}=149.459\ \mathrm{s}$$

与图 5-8 和图 5-9 对比，可知所选参数与曲线吻合良好，所以设计时可以采用本节给出的公式计算得到设计参数，也可以绘制如图 5-7 和图 5-8 所示的曲线图作为设计工具，以进行参数的选择。

习　　题

1. 采用近似计算方法编程计算例题 5-1，并与例题中给出的结果进行比较。

2. 编程实现主动段飞行程序飞行仿真，假定 $\theta_k=38°$，$t_1=8.826\ 0$ s，$t_1=123.563\ 8$ s，不

计俯仰角，假定平面大地，飞行程序和气动力阻力模型依据教材给定的模型；假定推力为10 000 N，火箭的总质量为600 kg，火箭直径为1.25 m，主动段飞行时间为145 s，推进剂秒消耗量为3.59 kg/s，用5.4节中介绍的数值积分方法求关机点速度、高度、主动段射程。

3. 采用5.6.2小节中的方法求解例题5-3，看看得到的结果与例5-3中给出的结果差别有多大。

4. 采用5.6.1小节中的方法求解例题5-4，看看得到的结果与例5-4中给出的结果差别有多大。

5. 采用5.6.1小节的算法，当探空火箭飞行高度为50 000 m时，编程计算相应的数据，绘制如图5-7所示的曲线，并将所得的曲线与图5-10比较，看看它们的差别有多大。

6. 采用5.6.2小节中的计算方法，假设探空火箭的飞行高度为80 km，在推进剂比冲分别选240 s、280 s、300 s和320 s时，画出重推比ν_0和关机质量比μ_k之间的关系曲线。

附录5.1 USSA76模型参数C语言计算程序

```
void air_parameters_and_gravity(double &T, double &P_ratio, double &air_density_ratio, double &v_sound, double &gravity, double H)
{
    //this program can return air density according a gemometry height below
    //91.0 kilometers
    //this program is writed acoording to a book named ballistic messile
    //ballistics, the second calculation methord.
    //H: geometry height to earth   m
    //air_density_ratio: air density ratio
    //T: atmosphere temperture,K
    //P_ratio: atmosphere pressure ratio
    //v_sound: velocity of sound,m/s
    //g: acceleration of gravity,m/s2

    double zz, W,r0;
    r0 = 6356766;//m
    if (H<0)
    {
        T = 273.15 + 15;
        P_ratio = 1.0;
        air_density_ratio = 1.0;
        v_sound = 340.294;
        gravity = 9.80665;
        return;
    }

    zz = r0 * H / (r0 + H) / 1000.0;//km

    if (H >= 0 && H <= 11019.1)
```

```
{
    W = 1 - zz / 44.3308;
    T = 288.15 * W;
    P_ratio = pow(W, 5.2559);
    air_density_ratio = pow(W, 4.2559);
}
else if (H <= 20063.1)
{
    W = exp((14.9647 - zz) / 6.3416);
    T = 216.650;
    P_ratio = W * 0.11953;
    air_density_ratio = 0.15898 * W;
}
else if (H <= 32161.9)
{
    W = 1 + (zz - 24.9021) / 221.552;
    T = 221.552 * W;
    P_ratio = 0.025158 * pow(W, -34.1629);
    air_density_ratio = 0.032722 * pow(W, -35.1629);
}
else if (H <= 47350.1)
{
    W = 1 + (zz - 39.7499) / 89.4107;
    T = 250.350 * W;
    P_ratio = 2.8338e-3 * pow(W, -12.2011);
    air_density_ratio = 3.2618e-3 * pow(W, -13.2011);
}
else if (H <= 51412.5)
{
    W = exp((48.6252 - zz) / 7.9223);
    T = 270.650;
    P_ratio = 8.9155e-4 * W;
    air_density_ratio = 9.4920e-4 * W;
}
else if (H <= 71802.0)
{
    W = 1 - (zz - 59.4390) / 88.2218;
    T = 247.021 * W;
    P_ratio = 2.1671e-4 * pow(W, 12.2011);
    air_density_ratio = 2.5280e-4 * pow(W, 11.2011);
}
else if (H <= 86000.0)
{
    W = 1 - (zz - 78.0303) / 100.2950;
    T = 200.590 * W;
```

```
        P_ratio = 1.2274e-5 * pow(W, 17.0816);
        air_density_ratio = 1.7632e-5 * pow(W, 16.0816);
    }
    else if (H <= 91000)
    {
        W = exp((87.2848 - zz) / 5.47);
        T = 186.87;
        P_ratio = (2.2730 + 1.042e-3 * zz) * 1e-6 * W;
        air_density_ratio = 3.6411e-6 * W;
    }
    else
    {
        zz = r0 * 91000.0 / (r0 + 91000.0) / 1000.0;//km
        W = exp((87.2848 - zz) / 5.47);
        T = 186.87;
        P_ratio = (2.2730 + 1.042e-3 * zz) * 1e-6 * W;
        air_density_ratio = 3.6411e-6 * W;
    }
    v_sound = 20.0468 * sqrt(T);//m/s
    gravity = 1 + H / r0;
    gravity = 9.80665 / (gravity * gravity);
}
```

附录 5.2 速度分析近似算法的 C 语言实现

```
const double GUS_R0 = 6371004;      //m
const double GUS_GRAVITY0 = 9.80665;//m/s2
const double GUS_PI = 3.1415926;
const double GUS_AIR_DENSITY0 = 1.2250;//kg/m3
const double GUS_AIR_PRESSURE0 = 1.01325e5;//N/m2
const double GUS_SOUND_VELLOCITY0 = 340.294;//m/s

//速度分析的近似算法
int velocity_analysis(double v0[],double v1[],double v2[],double v3[], double x[], double y[],
double h[],double mass_ratio[],double theta1[],double t[],double g[],int num,
double mass_ratio1 = 0.95, double mass_ratio2 = 0.3, double thetak = 35 * GUS_D2R,
double weight_push_ratio0 = 0.6,
double impulse0 = 240,
double mass_ratio_k = 0.2,
double ae = 1.12,
double pm = 6.8642e4)
{
    //采用数值直接积分法计算速度各个分量与设计参数之间的关系
    //适用于单级火箭或多级火箭的第一级
```

```
//input parameters
//int num; size of output data array
//飞行程序参数
//double mass_ratio1 = 0.95,
//double mass_ratio2 = 0.3,
//double thetak = 35 * GUS_D2R,
//设计参数
//double weight_push_ratio0 = 0.6,
//double impulse0 = 240,
//double mass_ratio_k = 0.2,
//double ae = 1.13,
//double pm = 6.846e4)

//output paramters
//
//double v0[], velocity m/s
//double v1[], delt_v1 m/s
//double v2[], delt_v2 m/s
//double v3[], delt_v3 m/s
//double mass_ratio[],1～mass_ratio_k;
//double theta1[], 弹道倾角,飞行程序角 rad
//double t[], 飞行时间 s
//double g[],飞行过程重力加速度变化 m/s2
//calculate mass_ratio;
int i;
double dmu,tmp1,tmp2,tmp3;
dmu = (1.0 - mass_ratio_k) / (num - 1);
mass_ratio[0] = 1.0;
for (i = 1; i < num; i++) {
    mass_ratio[i] = mass_ratio[i - 1] - dmu;
}
//calculate theta,and t;
for (i = 0; i < num; i++) {
    theta1[i] = fly_program(mass_ratio1, mass_ratio2, thetak, mass_ratio[i]);
}
//calculate t;
tmp1 = weight_push_ratio0 * impulse0;
for (i = 0; i < num; i++)
    t[i] = tmp1 * (1 - mass_ratio[i]);
//calculate velocity
tmp1 = -GUS_GRAVITY0 * impulse0 * ae;
for (i = 0; i<num; i++)
    v0[i] = tmp1 * log(mass_ratio[i]);
//calculate height and gravity;
tmp1 = weight_push_ratio0 * impulse0 * dmu;
```

```
    y[0] = 0; g[0] = GUS_GRAVITY0;
    for (i = 1; i < num; i++) {
        y[i] = y[i-1] + v0[i] * tmp1 * sin(theta1[i]);
        tmp2 = GUS_R0 / (GUS_R0 + y[i]); tmp2 = tmp2 * tmp2;
        g[i] = tmp2 * GUS_GRAVITY0;
    }
    //calculate v1
    tmp1 = weight_push_ratio0 * impulse0 * dmu;
    v1[0] = 0;
    for (i = 1; i < num; i++) {
        v1[i] = v1[i - 1] + tmp1 * g[i] * sin(theta1[i]);
    }
    //calculate v0
    for (i = 0; i < num; i++) {
        v0[i] = v0[i] - v1[i];
    }
    //recalcualte y and then v2,v3;
    tmp1 = weight_push_ratio0 * impulse0 * dmu;
    tmp2 = 0.5 * GUS_GRAVITY0 * tmp1 * GUS_AIR_DENSITY0 /pm;
    tmp3 = GUS_GRAVITY0 * impulse0 * (ae - 1) * dmu;
    x[0] = 0; y[0] = 0; h[0] = 0;
    v2[0] = 0; v3[0] = 0;
    double T, P_ratio, air_density_ratio, v_sound, gravity, Cd, c_ya, c_zb;
    double Ma;
    for (i = 1; i < num; i++) {
        x[i] = x[i - 1] + tmp1 * v0[i] * cos(theta1[i]);
        y[i] = y[i - 1] + tmp1 * v0[i] * sin(theta1[i]);
        h[i] = sqrt(x[i] * x[i] + (y[i] + GUS_R0) * (y[i] + GUS_R0)) - GUS_R0;
        air_parameters_and_gravity(T, P_ratio, air_density_ratio, v_sound, gravity, h[i]);
        Ma = v0[i] / v_sound;
        UpdateCxCyaCzb(Ma, Cd, c_ya, c_zb);
        v2[i] = v2[i - 1] + tmp2 * Cd * air_density_ratio * v0[i] * v0[i] / mass_ratio[i];
        v3[i] = v3[i - 1] + tmp3 * P_ratio / mass_ratio[i];
    }
    //recalculate v0
    for (i = 0; i < num; i++) {
        v0[i] = v0[i] - v2[i] - v3[i];
    }
    for (i = 1; i < num; i++) {
        x[i] = x[i - 1] + tmp1 * v0[i] * cos(theta1[i]);
        y[i] = y[i - 1] + tmp1 * v0[i] * sin(theta1[i]);
        h[i] = sqrt(x[i] * x[i] + (y[i] + GUS_R0) * (y[i] + GUS_R0)) - GUS_R0;
    }
    return 0;
}
```

```
void UpdateCxCyaCzb(double Ma, double &c_x, double &c_ya, double &c_zb)
{
    if (Ma <= 0.0)
    {
        c_x = 0.0;
        c_ya = 0.0;
        c_zb = 0.0;
        return;
    }
    //drag coefficient
    if (Ma <= 0.8)
        c_x = 0.29;
    else if (Ma <= 1.068)
        c_x = Ma - 0.51;
    else
        c_x = 0.091 + 0.5 / Ma;

    //lift coefficient
    if (Ma <= 0.25)
        c_ya = 2.8;
    else if (Ma <= 1.1)
        c_ya = 2.8 + 0.447 * (Ma - 0.25);
    else if (Ma <= 1.6)
        c_ya = 3.18 - 0.660 * (Ma - 1.1);
    else if (Ma <= 3.6)
        c_ya = 2.85 + 0.35 * (Ma - 1.6);
    else
        c_ya = 3.55;
    //side force coefficient
    c_zb = c_ya;
    return;
}

double fly_program(double &mass_ratio1, double &mass_ratio2, double &thetak, double &mass_ratio)
{
    //用质量比描述的飞行程序
    double tmp1, tmp2;
    double theta1;
    if (mass_ratio > mass_ratio1) {
        theta1 = 0.5 * GUS_PI;
    }
    else if (mass_ratio > mass_ratio2) {
        tmp2 = mass_ratio1 - mass_ratio2;
        tmp2 = (0.5 * GUS_PI - thetak) / (tmp2 * tmp2);
        tmp1 = mass_ratio - mass_ratio2;
```

```
        theta1 = tmp2 * tmp1 * tmp1 + thetak;
    }
    else {
        theta1 = thetak;
    }
    return theta1;
}
```

附录 5.3　速度分析精确算法的 C 语言实现

```
//速度和弹道分析的精确数值积分算法
int velocity_analysis1(double v0[], double v1[], double v2[], double v3[],double traj_x[],double traj_y[], double h[],
    double mass_ratio[], double theta1[], double time[], double g[],int num,
    double mass_ratio1 = 0.95, double mass_ratio2 = 0.3, double thetak = 35 * GUS_D2R,
    double weight_push_ratio0 = 0.6,
    double impulse0 = 240,
    double mass_ratio_k = 0.2,
    double ae = 1.12,
    double pm = 6.8642e4)
{
    //采用数值直接积分法计算速度各个分量与设计参数之间的关系
    //适用于单级火箭或多级火箭的第一级
    //input parameters
    //int num; size of output data array
    //飞行程序参数
    //double mass_ratio1 = 0.95,
    //double mass_ratio2 = 0.3,
    //double thetak = 35 * GUS_D2R,
    //设计参数
    //double weight_push_ratio0 = 0.6,
    //double impulse0 = 240,
    //double mass_ratio_k = 0.2,
    //double ae = 1.13,
    //double pm = 6.846e4)

    //output paramters
    //double v0[],velocity m/s
    //double v1[], delt_v1 m/s
    //double v2[], delt_v2 m/s
    //double v3[], delt_v3 m/s
    //double mass_ratio[],1~mass_ratio_k;
    //double theta1[], 弹道倾角,飞行程序角 rad
    //double t[], 飞行时间 s
```

```
//double g[],飞行过程重力加速度的变化 m/s2
//calculate mass_ratio;
int i,j;
double  tmp1, y[N_INTEGRAL],t,tk,dt;
double ybuffer[2 * N_INTEGRAL];//ybuffer is double size of y
double pars[N_PARS];
//calculate tk;
tmp1 = weight_push_ratio0 * impulse0;
tk = tmp1 * (1 - mass_ratio_k);
dt = tk/(num - 1) * 1e - 3;
//assign parameters
tmp1 = weight_push_ratio0 * impulse0;
pars[T1] = tmp1 * (1 - mass_ratio1);
pars[T2] = tmp1 * (1 - mass_ratio2);
pars[W2P] = weight_push_ratio0;
pars[ISP] = impulse0;
pars[MRK] = mass_ratio_k;
pars[AE] = ae;
pars[PM] = pm;
pars[THK] = thetak;
//initial value
y[VID] = 0;
y[V1] = 0;
y[V2] = 0;
y[V3] = 0;
y[XX] = 0;
y[YY] = 0;

for (i = 0,t = 0; i < num; i + + ) {
    //save data
    time[i] = t;
    v0[i] = y[VID] - (y[V1] + y[V2] + y[V3]);
    v1[i] = y[V1];
    v2[i] = y[V2];
    v3[i] = y[V3];
    traj_x[i] = y[XX];
    traj_y[i] = y[YY];
    mass_ratio[i] = 1 - t / (weight_push_ratio0 * impulse0);
    theta1[i] = fly_program_t(pars[T1], pars[T2], pars[THK], t);
    tmp1 = (GUS_R0 + traj_y[i]); tmp1 = tmp1 * tmp1 + traj_x[i] * traj_x[i];
    g[i] = GUS_R0 * GUS_R0 * GUS_GRAVITY0 / tmp1;
    h[i] = sqrt(tmp1) - GUS_R0;

    for(j = 0;j<1000;j + + )
        Euler_Cauchy(dyn_fun1, &t, y, dt, N_INTEGRAL, pars, ybuffer);
```

```
            //pars are parameters needed in fun()
    }
    //save data
    i--;
    time[i] = t;
    v0[i] = y[VID] - (y[V1] + y[V2] + y[V3]);
    v1[i] = y[V1];
    v2[i] = y[V2];
    v3[i] = y[V3];
    traj_x[i] = y[XX];
    traj_y[i] = y[YY];
    mass_ratio[i] = 1 - t / (weight_push_ratio0 * impulse0);
    theta1[i] = fly_program_t(pars[T1], pars[T2], pars[THK], t);
    tmp1 = (GUS_R0 + traj_y[i]); tmp1 = tmp1 * tmp1 + traj_x[i] * traj_x[i];
    g[i] = GUS_R0 * GUS_R0 * GUS_GRAVITY0 / tmp1;
    //recalculate v0
    for (i = 0; i < num; i++) {
        v0[i] = v0[i] - v2[i] - v3[i];
    }
    return 0;
}

int Euler_Cauchy(int fun(double ydot[], double t, double y[], double * pars),
    double * tn,double yn[], double dt, int n, double * pars, double ybuffer[])
{
    //实现一步定步长积分运算
    //
    //int n,求解问题的维数
    //double yn[],求解的过程将放在其中
    //double dt,时间步长
    //double * tn,当前时间,每次积分增加一个 dt
    //ybuffer[] is a 2n * double buffer,为了提高计算效率

    int i,res;
    double * ydot = ybuffer;
    double * y1 = &ybuffer[n];
    double t1,dt1;

    res = fun(y1, * tn, yn, pars);
    if (res) return res;
    dt1 = dt * 0.5;
    t1 = * tn + dt1;
    for (i = 0; i < n; i++)
        y1[i] = yn[i] + dt1 * y1[i];
    fun(ydot, t1, y1, pars);
```

```
    for (i = 0; i < n; i++)
        yn[i] = yn[i] + dt * ydot[i];
    *tn = *tn + dt;
    return 0;
}

int dyn_fun1(double xdot[], double t, double x[], double *pars)
{
    //该简化动力学方程用于速度/弹道分析仿真
    //调用它的函数是：velocity_analysis1()
    //用于单级火箭，或多级火箭的第一级
    double g, theta, Vk, tmp, stheta;
    double T, P_ratio, air_density_ratio, v_sound, Ma;
    double Cd, c_ya, c_zb;

    theta = fly_program_t(pars[T1], pars[T2], pars[THK], t);
    stheta = sin(theta);
    Vk = x[VID] - x[V1] - x[V2] - x[V3];

    air_parameters_and_gravity(T, P_ratio, air_density_ratio, v_sound, g,x[YY]);
    Ma = Vk / v_sound;
    UpdateCxCyaCzb(Ma, Cd, c_ya, c_zb);

    tmp = pars[ISP] * GUS_GRAVITY0 / (pars[W2P] * pars[ISP] - t);
    xdot[VID] = tmp * pars[AE];
    xdot[V1] = g * stheta;
    xdot[V2] = 0.5 * air_density_ratio * GUS_AIR_DENSITY0 * Vk * Vk * Cd * pars[W2P] * tmp / pars
[PM];
    xdot[V3] = tmp * (pars[AE] - 1) * P_ratio;
    xdot[XX] = Vk * cos(theta);
    xdot[YY] = Vk * stheta;
    return 0;
}
```

附录5.4 探空火箭速度估算方法的C语言实现

```
//sounding_rocket_mass_ratio_0.cpp
//sounding rocket design data calculating program - method 1
//Guo zuhua 2020/10/04

#include "pch.h"
#include <iostream>
#include <fstream>
#include <math.h>
```

```
using namespace std;
int fun(double res[2],double k,double x)
{
    double t1, t2;
    t1 = 1 - x;
    t2 = 1 + x;
    res[0] = t1 * t1 * t1 - k * t2 * t2;
    res[1] = -3 * t1 * t1 - 2 * k * t2;
    return 0;
}
int main()
{
    double H, Isp, g0,l,u;
    double k;
    std::cout << "这个程序用于研究探空火箭速度分析的简单方法中,mass_ratio 的取值范围为! \n";
    H = 10000;
    g0 = 9.8;
    Isp = 250;
    k = H / (g0 * Isp * Isp);
    //u1 = (2 + k + 2 * sqrt(2 * k)) / (2 - k);
    u= (2 + k - 2 * sqrt(2 * k)) / (2 - k);
    int counter = 0;
    double res[2],err;
    l = 0.4;
    do {
        fun(res, k, l);
        err = res[0] / res[1];
        l = l - err;
        counter++;
    }while (abs(err)>1e-6 && counter<1000);
    cout << "range of muk:\n";
    cout << "l=" << l << endl;
    cout << "u=" << u << endl;

    //计算给定飞行高度时的重推比和关机质量比之间的关系
    cout << "calculating the muk vs niu0,with given flight Heigh\n";
    cout << "and out put to file :sounding_rocket_mass_ratio_1.txt\n ";
    int i, n = 11;
    double dmuk = ((u - 0.001) - (l + 0.001)) / (n - 1);
    double niu0, lmuk, muk = l + 0.001;

    ofstream ofile("sounding_rocket_mass_ratio_0.txt");
    if (ofile.bad()) {
        cout << "open file error! \n";
        return 1;
```

```
    }
    ofile << "better model:given Height,weight push ratio vs mass ratio\n";
    ofile << "H=" << H << "m\t" << "Isp0=" << Isp << "s\n";
    ofile << "muk \t" << "niu0 \n";
    for (i = 0; i < n; i++)
    {
        lmuk = log(muk);
        niu0 = 2/(1+muk) - H*(1+muk) / (g0 * Isp*Isp*( 1 - muk) * (1 - muk));
        ofile << muk << '\t' << niu0 << '\n';
        muk += dmuk;
    }
    cout << "calculating flight time,Heigh and power phase velocity with given muk\n";
    cout << "and out put to file :sounding_rocket_mass_ratio_1.txt\n";
    double velocity, tk;
    muk = 0.7;
    ofile << "heigh and velocity vs weight push ratio\n";
    ofile << "muk=" << muk << endl;
    ofile << "niu0\t" << "tk / s \t" << "vk / m / s \t" << "height / km \t" << endl;
    for (niu0 = 0.2; niu0 < 0.8; niu0 += 0.1)
    {
        lmuk = log(muk);
        tk = niu0 * Isp*(1 - muk);
        velocity = (2/niu0/(1+muk) - 1) * g0*tk;
        H = (1/niu0/(1+muk) * (2/niu0/(1+muk) - 1) * g0 * tk * tk) / 1000.0;
        ofile << niu0 << '\t' << tk << '\t' << velocity << '\t' << H << endl;
    }
    ofile.close();
}
```

附录 5.5 探空火箭速度较精确计算方法的 C 语言实现

```
//sounding rocket design data calculating program - method 2
//Guo zuhua 2020/09/29
//探空火箭速度分析精确算法中 muk 下边界计算,通过泰勒展开取二次近似得到的边界公式,详见教材
//正文

#include <iostream>
#include <fstream>
#include <math.h>
using namespace std;

int main()
{
    double a, b, c,d;
```

```
double muk0,lmuk0,u,l;
double H, Isp, g0;

H = 50000;
Isp = 250;
g0 = 9.8;
//计算关机质量比的范围
cout << " range of muk calculating\n";
muk0 = 0.4;

lmuk0 = log(muk0);
b = muk0 / ( - lmuk0);
a = b * (muk0 - 2 * lmuk0 - 1);
c = 2.0 * lmuk0 + 1 - muk0;
c = c * c + lmuk0 * lmuk0 * (lmuk0 - 1);
d = 2.0 * lmuk0;//根号中 H / (Isp * Isp * g0) 前的参数
//u = a + b * sqrt(c - d * H / (Isp * Isp * g0));
u = exp( - sqrt(2 * H / (Isp * Isp * g0)));
l= a - b * sqrt(c - d * H / (Isp * Isp * g0));
cout << "a=" << a << endl;
cout << "b=" << b << endl;
cout << "c=" << c << endl;
cout << "d=" << d << endl;
cout << "range of muk:\n";
cout << "l=" << l << endl;
cout << "u=" << u << endl;

//计算给定飞行高度时的重推比和关机质量比之间的关系
cout << "calculating the muk vs niu0,with given flight Heigh\n";
cout << "and out put to file :sounding_rocket_mass_ratio_1.txt\n ";
int i,n = 11;
double dmuk = ((u-0.001) - (l+0.001)) / (n - 1);
double niu0,lmuk, muk = l+0.001;

ofstream ofile("sounding_rocket_mass_ratio_1.txt");
if (ofile.bad()) {
    cout << "open file error! \n";
    return 1;
}
ofile << "better model:given Height,weight push ratio vs mass ratio\n";
ofile << "H=" << H << "m\t" << "Isp0=" << Isp << "s\n";
ofile << "muk \t" << "niu0 \n";
for (i = 0; i < n; i++)
{
    lmuk = log(muk);
```

```
            niu0 = (2 * H - Isp * Isp * g0 * lmuk * lmuk) / (2 * Isp * Isp * g0 * (lmuk + 1 - muk));
            ofile << muk << '\t' << niu0 << '\n';
            muk + = dmuk;
        }

        cout << "calculating flight time,Heigh and power phase velocity with given muk\n";
        cout << "and out put to file :sounding_rocket_mass_ratio_1.txt\n";
        double velocity,tk;
        muk = 0.55;
        ofile << "heigh and velocity vs weight push ratio\n";
        ofile << "muk = " << muk << endl;
        ofile << "niu0\t" << "tk / s \t" << "vk / m / s \t" << "height / km \t" << endl;
        for (niu0 = 0.2; niu0 < 0.8; niu0 + = 0.1)
        {
            lmuk = log(muk);
            tk = niu0 * Isp * (1 - muk);
            velocity = - Isp * g0 * (lmuk + niu0 * (1 - muk));
            H = (Isp * g0 * (muk / (1 - muk) * lmuk + 1) * tk - 0.5 * g0 * tk * tk + 0.5 * velocity *
velocity / g0) / 1000.0;
            //H = Isp * Isp * g0 * ((lmuk + 1 - muk) * niu0 + 0.5 * lmuk * lmuk);
            ofile << niu0 << '\t' << tk << '\t' << velocity << '\t' << H << endl;
        }
        ofile.close();
        cout << "terminate! \n";
        getchar();
        return 0;
    }
```

第6章 运载火箭的质量分析

质量分析是运载火箭设计中的另一个重要内容，它给出了总体设计参数和火箭质量之间的关系，该部分内容和前面的飞行速度分析相结合，就可以得到更加具有实际意义的设计参数。质量分析和速度分析不一样，速度分析严格遵循运载火箭的运动模型，可以通过公式推导给出设计变量和飞行性能之间的关系，但在总体设计阶段，直接通过力学原理推导出箭体质量和设计参数之间的关系是十分困难的，所以在质量分析中往往需要考虑多种经验因素，这是质量分析的一个显著特点。本章将详细讨论液体火箭和固体火箭的质量分析。

6.1 质量分析的目的和意义

通过速度分析可知，当比冲 I_{sp0}^{E} 增大时，运载火箭会获得更大的推力，更大的推力往往会导致运载火箭的发动机和整个箭体的结构质量增大，这样，关机时运载火箭的结构质量比 μ_k 和重推比 ν_0 往往也会随之发生变化，这些参数之间的相关性明显，单靠速度分析是没有办法确定出合理的火箭设计参数的。运载火箭设计参数的关联性也是通过箭体各部分的质量得以体现的，所以进行运载火箭质量分析对火箭设计是必不可少的。

所谓的质量分析，是指找出运载火箭的质量特性和各个特征量之间的关系，以最终找出运载火箭的初始起飞总质量和各个设计参数之间的对应关系。将火箭的总质量表示成设计参数的函数，记为

$$m_0 = f(\mu_k, \nu_0, I_{sp0}^{E}, p_m, a_E) \tag{6-1}$$

显然，运载火箭的总质量不仅与它的结构质量相关，而且与推进剂的总质量相关，通过质量分析，不仅可以确定运载火箭各部分质量对起飞总质量的影响程度，而且还可以确定各个设计参数对火箭起飞总质量的影响。根据速度分析的结论，大家知道，p_m 和 a_E 不是主要设计参数，而 I_{sp0}^{E} 可以根据推进剂的类型初选，只有有限个取值。所以，在推进剂类型初步选定的情况下，质量分析方程同样可以简化为只包含两个主要设计变量的函数形式：

$$m_0 = f(\mu_k, \nu_0) \tag{6-2}$$

显然，通过质量分析可以帮助大家理解哪部分质量对运载火箭的起飞质量影响最大，进而找到实现特定飞行任务的最轻的火箭的设计方案，并指导后面的零部件的设计工作。

6.2 液体火箭的质量分析方法

获得火箭总质量和火箭参数的方法有两种。一种是统计法，即收集现有运载火箭总质量和各个设计参数的数据，然后通过统计方法得到它们的相关关系，但这种方法不能获得火箭各部分之间的相互影响关系，对创新不利；随着技术的发展，新材料和新工艺不断涌现，设计人员有条件获得更轻更强的设计方案，但显然，这种方法阻碍了设计人员获得更优的设计方案。另一种是分析法，即根据强度条件和几何条件等，分析运载火箭的各个部分的质量，找到它们和

各个设计量之间的关系，进而找到火箭设计参数和总起飞质量之间的关系。这种方法相对复杂，对火箭各个部分的技术先进性有一定的依存关系，但好处是便于分析火箭各部分的影响关系，对火箭的轻量化有现实意义。下面将首先以液体运载火箭为例，进行火箭的质量分析。图 6－1 中给出了一枚单级液体火箭的基本结构组成，它包括头部、仪器舱、推进剂舱段、尾段以及控制伺服系统等。

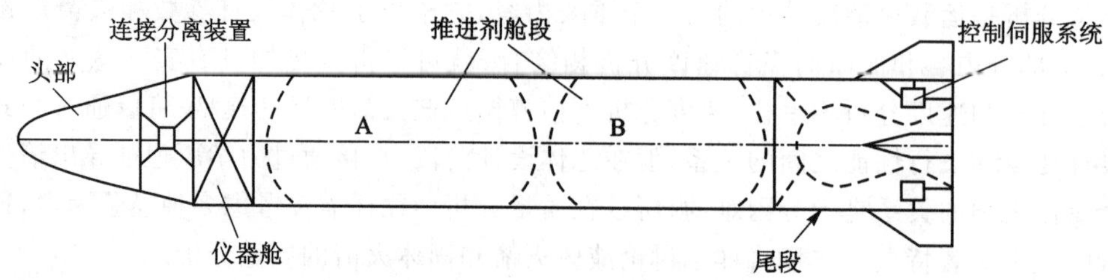

图 6－1　液体运载火箭的基本结构

运载火箭的总质量可以表示为

$$m_0 = m_k + m_p \tag{6-3}$$

其中　m_k——运载火箭不含推进剂的结构质量；

m_p——运载火箭的推进剂质量。

火箭的推进剂质量可以进一步表示为

$$m_p = m_{AB} + m_{aux} = (1 + K_{aux}) m_{AB} \tag{6-4}$$

其中　m_{AB}——运载火箭真正用于推进的推进剂质量；

m_{aux}——运载火箭的推进辅助系统中的不可用推进剂的质量，主要包括火箭起飞前消耗的推进剂、导管内残留的推进剂、储箱内剩余的推进剂和预留的安全余量。

K_{aux} 可以按照如下经验公式计算：

$$K_{aux} = 0.014(1 + 0.5e^{-7.5\times10^{-6} m_{AB}}) \tag{6-5}$$

其中，m_{AB} 的单位为 kg。

或者也可以直接近似取 K_{aux} 为

$$K_{aux} \approx 0.02 \tag{6-6}$$

对于一枚液体运载火箭，忽略火箭最后的残存推进剂，m_k 主要是指火箭不含推进剂的结构质量，火箭的结构很复杂，包含多个部分和舱段，一般来讲，火箭包含头部(含有效载荷)、推进系统和控制制导即操纵系统等，于是火箭的结构质量 m_k 可以表示为

$$m_k = m_{head} + m_{\mathrm{I}} + m_{\mathrm{II}} + m_{\mathrm{III}} \tag{6-7}$$

其中　m_{head}——运载火箭头部的总质量；

m_{I}——储箱质量；

m_{II}——推进系统质量；

m_{III}——制导系统质量，含摆舵系统、仪器舱段和尾段。

接下来需要将各个部分分开来单独研究，为了便于讨论，特征量的概念被引入。运载火箭某一部分的质量必然和特定的特征量相关，而特征质量往往更容易与设计参数建立联系，这样就可以最终建立起火箭设计参数和总质量之间的关系了。

1. 火箭头部质量

首先来讨论火箭的头部，该部分的任务是包容有效载荷，在飞行过程中保持完好的外形，并为有效载荷提供合适的环境。选取有效载荷的质量为火箭头部的质量分析的特征量，定义火箭头部质量与有效载荷之间的关系为

$$m_{\text{head}} = K m_{\text{pay}} \tag{6-8}$$

其中　m_{pay}——有效载荷的质量；

　　K——比例因子，需要根据有效载荷的具体类型来确定。

对于弹道导弹，这里的参数 K 可能仍然依赖以往的设计经验；对于运载火箭，如果发射任务已经确定，m_{pay} 和体积为已知，则可以根据它们直接进行头部设计，进而估算参数 K 或直接估算出 m_{head}。

2. 火箭储箱质量

液体运载火箭储箱系统的质量包含储箱结构质量、推进剂输送系统的质量以及发动机关机后残留在储箱即输送系统中的推进剂质量等，于是选择推进剂的质量为特征量，定义储箱质量与推进剂之间的关系为

$$m_{\text{I}} = a_{\Sigma} m_{\text{AB}} \tag{6-9}$$

其中，m_{Σ} 为比例系数。为了用分析的方法获得比例系数 a_{Σ}，可以将它进一步分解为

$$a_{\Sigma} = \alpha_{\text{tank}} + \alpha_{\text{trans}} + \alpha_{\text{red}} \tag{6-10}$$

其中，α_{tank} 是推进剂箱的比例系数，对的 a_{Σ} 贡献最大；α_{trans} 是传输系统的比例系数，α_{red} 是剩余推进剂的质量比例系数。通过一些估算方法可以获得以上各个参数，进而确定 a_{Σ}。

氧化剂、燃料以及推进剂箱体的示意图如图 6－2 所示，根据燃料箱能承受的内部压力 P，可以求出壳体的厚度 δ。根据壳体无力矩强度理论，有

$$\delta = k\,\frac{PD}{2\sigma_{\text{b}}} \tag{6-11}$$

其中，k 是安全系数，σ_{b} 是材料的强度极限，D 是箱体直径。显然根据几何尺寸、材料密度等量可以计算出推进剂箱体的质量，以及推进剂的质量，进而计算出 α_{tank}。常见的推进剂平均密度如下：液氧＋酒精，0.973E3 kg/m^3；四硝基甲烷＋煤油，1.444E3 kg/m^3。

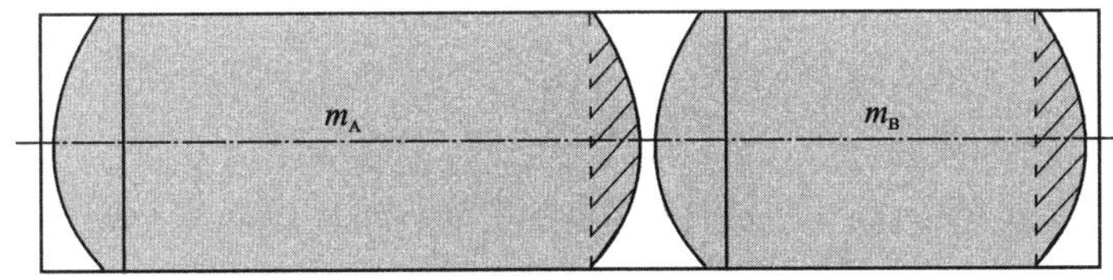

图 6－2　推进剂及推进剂箱示意图

总体设计初期，更实用的方法是基于已有的产品进行统计，如果有足够的运载火箭数据，则可以采用下面的公式计算 a_{Σ} 的经验值：

$$a_{\Sigma} = \frac{m_{\text{I}}}{m_{\text{AB}}} \tag{6-12}$$

$$m_{\text{AB}} = m_{\text{A}} + m_{\text{B}} \tag{6-13}$$

其中，m_{A}、m_{B} 分别是燃烧剂和氧化剂的质量。

如果手头没有足够的数据来完成统计，推荐采用如下经验公式，该经验公式来自 20 世纪

70 年代。由式(6-12)不难得到

$$a_{\Sigma}=\frac{\rho_{\Sigma}}{\rho_{AB}} \tag{6-14}$$

其中,ρ_{AB} 为推进剂组元的平均密度;ρ_{Σ} 为推进剂箱体的虚拟密度,该密度不是箱体材料的真实密度,而是箱体的总质量比推进剂的总体积,ρ_{Σ} 由以下经验公式求出:

$$\rho_{\Sigma}=25(1+1.5\mathrm{e}^{-7.5\times10^{-5}m_{AB}}) \tag{6-15}$$

其中,m_{AB} 的单位为 kg。

3. 推进系统质量

液体火箭发动机的质量主要包含燃烧室质量、安装架质量和燃料输送装置及其他辅助件的质量,定义发动机的地面有效推力为特征量,推进系统质量与地面有效推力之间的关系为

$$m_{\mathrm{II}}=\gamma_{F}\frac{P_{0}}{g_{0}} \tag{6-16}$$

其中,P_0 为发动机地面有效推力,单位为 N;g_0 为地面重力加速度,单位为 m/s^2;m_{II} 的单位为 kg。

下面用分析的方法获得比例系数 γ_F,可以将它进一步分解为

$$\gamma_{F}=\gamma_{chamber}+\gamma_{bracket}+\gamma_{aux} \tag{6-17}$$

其中,$\gamma_{chamber}$ 是燃烧室的质量比例系数;$\gamma_{bracket}$ 是燃烧室支架的质量比例系数;γ_{aux} 是燃料输送装置及其附件的质量比例系数;通过估算的方法获得各个参数后就可以得到 γ_F。γ_F 及其各个分量都随火箭推力的增大逐渐减小并趋于平缓。根据以前的统计,对于射程小于 1 000 km 的弹道导弹,γ_F 各个分量所占的比例大致如下:

$$\gamma_{chamber}=48\%,\quad \gamma_{bracket}=6\%,\quad \gamma_{aux}=46\%$$

这些值可以在初步设计时参考。

如果有足够多的运载火箭数据,可以采用下式计算 γ_F 的经验值:

$$\gamma_{F}=\frac{m_{\mathrm{II}}g_{0}}{P_{0}} \tag{6-18}$$

如果没有足够的数据完成统计,也可以采用如下经验公式计算 γ_F:

$$\gamma_{F}=0.006\,7(1+3\mathrm{e}^{-3.8\times10^{-6}P_{v}})\frac{g_{0}}{a_{E}} \tag{6-19}$$

其中,P_v 是发动机在真空中的推力,单位为 N,可以近似认为 $P_v=a_E P_0$。

将重推比的定义式(4-16)代入式(6-16)得到推进系统质量与火箭总质量之间的关系为

$$m_{\mathrm{II}}=\frac{\gamma_{F}}{\nu_{0}}m_{0} \tag{6-20}$$

其中,ν_0 为火箭地面重推比。

4. 制导系统质量

制导系统的质量包括控制及制导系统(含电源、各种传感元件等)的质量、偏转操作机构的质量、仪器舱段的结构质量和尾段的结构质量。选择全箭的总质量为特征量,定义制导系统质量与全箭总质量之间的关系为

$$m_{\mathrm{III}}=\mu_{\Sigma}m_{0} \tag{6-21}$$

用分析的方法获得比例系数 μ_{Σ},可以进一步将其分解为

$$\mu_{\Sigma}=\mu_{\text{guidance}}+\mu_{\text{mech}}+\mu_{\text{instr}}+\mu_{\text{skirt}} \tag{6-22}$$

其中，μ_{guidance} 是制导系统的质量比例系数；μ_{mech} 是偏转机构系统的质量比例系数；μ_{instr} 是仪器舱的质量比例系数；μ_{skirt} 是运载火箭尾段的质量比例系数。根据各个分系统分别估算比例系数，最后合在一起，就能得到 μ_{Σ}。μ_{Σ} 及其各个分量都是随运载火箭的总质量增大逐渐减小并趋于平缓，根据过去的统计，μ_{Σ} 各个分量所占的比例大致如下：

对于有安定面的火箭方案：

$$\mu_{\text{guidance}}=18.5\%,\quad \mu_{\text{mech}}=19.5\%,\quad \mu_{\text{instr}}=15\%,\quad \mu_{\text{skirt}}=47\%$$

对于无安定面的火箭方案：

$$\mu_{\text{guidance}}=25\%,\quad \mu_{\text{mech}}=25\%,\quad \mu_{\text{instr}}=17\%,\quad \mu_{\text{skirt}}=33\%$$

这些值比较适合射程不太远的弹道导弹的设计，可以用于初步设计时的估算。

如果有足够的运载火箭真实数据，则可以采用下面的公式计算 μ_{Σ}，并归纳出经验公式：

$$\mu_{\Sigma}=\frac{m_{\mathrm{III}}}{m_0} \tag{6-23}$$

如果没有足够的数据完成统计，可以采用如下经验公式：

$$\mu_{\Sigma}=0.01(1+3.5\mathrm{e}^{-3.4\times10^{-5}m_0}) \tag{6-24}$$

其中，m_0 的单位为 kg。

5. 火箭总质量与结构质量比

将式(6－7)、式(6－8)、式(6－9)、式(6－16)和式(6－21)合并在一起，得到全箭的总结构质量为

$$m_{\mathrm{k}}=Km_{\text{pay}}+a_{\Sigma}m_{\mathrm{AB}}+\gamma_{\mathrm{F}}\frac{P_0}{g_0}+\mu_{\Sigma}m_0 \tag{6-25}$$

将方程两边同除以 m_0，得到

$$\frac{m_{\mathrm{k}}}{m_0}=K\frac{m_{\text{pay}}}{m_0}+a_{\Sigma}\frac{m_{\mathrm{AB}}}{m_0}+\gamma_{\mathrm{F}}\frac{P_0}{m_0g_0}+\mu_{\Sigma} \tag{6-26}$$

将式(6－4)代入式(6－26)，并整理得到

$$\mu_k=K\frac{m_{\text{pay}}}{m_0}+\frac{a_{\Sigma}}{1+K_{\text{aux}}}\frac{m_p}{m_0}+\gamma_{\mathrm{F}}\frac{P_0}{m_0g_0}+\mu_{\Sigma} \tag{6-27}$$

在上式中显然有

$$\frac{m_{\mathrm{p}}}{m_0}=\frac{m_0-m_{\mathrm{k}}}{m_0}=1-\mu_k$$

$$\frac{P_0}{m_0g_0}=\frac{1}{\nu_0}$$

于是有

$$\mu_k=K\frac{m_{\text{pay}}}{m_0}+\frac{a_{\Sigma}}{1+K_{\text{aux}}}(1-\mu_k)+\gamma_{\mathrm{F}}\frac{g_0}{\nu_0}+\mu_{\Sigma}$$

进一步推导得到

$$\left(1+\frac{a_{\Sigma}}{1+K_{\text{aux}}}\right)\mu_k=K\frac{m_{\text{pay}}}{m_0}+\frac{\gamma_{\mathrm{F}}}{\nu_0}+\mu_{\Sigma}+\frac{a_{\Sigma}}{1+K_{\text{aux}}}$$

最后整理后得到

$$\mu_k = \left(K\frac{m_{\text{pay}}}{m_0} + \frac{\gamma_F}{\nu_0} + \mu_\Sigma\right)\frac{1+K_{\text{aux}}}{1+K_{\text{aux}}+a_\Sigma} + \frac{a_\Sigma}{1+K_{\text{aux}}+a_\Sigma} \tag{6-28}$$

令

$$A = \frac{a_\Sigma}{1+K_{\text{aux}}+a_\Sigma} \tag{6-29}$$

得到

$$\mu_k = \left(K\frac{m_{\text{pay}}}{m_0} + \frac{\gamma_F}{\nu_0} + \mu_\Sigma\right)(1-A) + A \tag{6-30}$$

这就是最终得到的质量分析方程，其中各个参数定义式汇总如下：

$$\left.\begin{aligned} K &= \frac{m_{\text{head}}}{m_{\text{pay}}} \\ \gamma_F &= \frac{m_{\text{II}}\, g_0}{P_0} \\ \mu_\Sigma &= \frac{m_{\text{III}}}{m_0} \\ a_\Sigma &= \frac{m_{\text{I}}}{m_{\text{AB}}} \end{aligned}\right\} \tag{6-31}$$

式(6-31)中除 K 以外的各个参数在前面都已经给出了具体的获取方法和经验公式，可供设计时使用。根据质量分析方程(6-30)绘制曲线如图 6-3 所示，该曲线是在有效载荷为 1 500 kg、推进剂为 98% H_2O_2＋煤油、密度为 1.317E3 kg/m^3 时绘制的，4 条曲线分别对应的重推比为 0.5、0.6、0.7、0.8。该曲线可以作为运载火箭设计的工具，但不同设计任务，有效载荷是不同的，设计时应根据需要绘制相应的设计曲线，参考程序见附录 6.1。

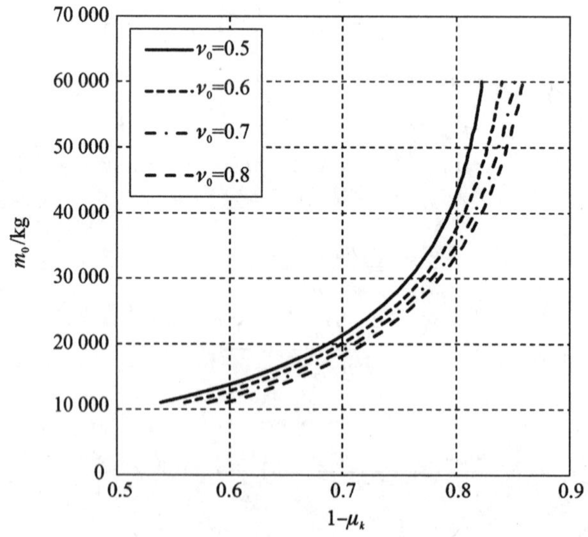

图 6-3　运载火箭的质量分析曲线

6.3　固体火箭的一种简单的质量分析方法

单级固体火箭的基本结构如图 6-4 所示。

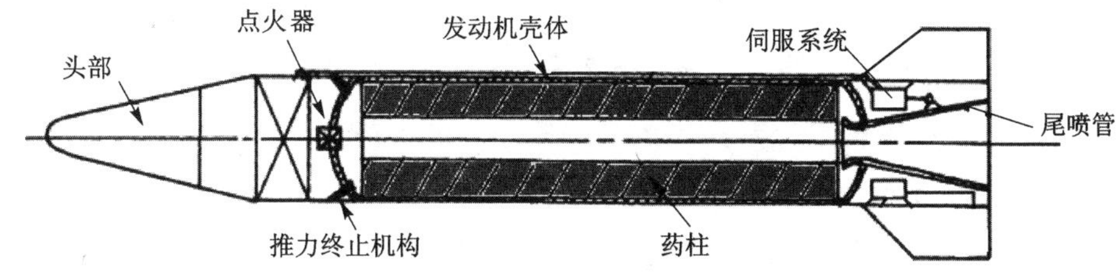

图 6-4　单级固体火箭的基本结构

固体火箭的质量分析的基本关系式为

$$m_0 = m_h + m_c + m_s + m_e + m_{noz} + m_p \tag{6-32}$$

其中　m_h——火箭头部的质量，由设计要求给定；

m_c——火箭操纵机构的质量；

$$m_c = \xi_c m_0 \tag{6-33}$$

ξ_c——一般取 0.057～0.070；

m_s——火箭不包括燃烧室和尾喷管部分的结构质量；

$$m_s = \delta_c m_0 \tag{6-34}$$

δ_c 一般取 0.09～0.10。

m_{noz}——尾喷管的质量。

m_e——不含尾喷管的发动机质量，它由多个部分组成，需要进一步深入研究；

$$m_e = m_{chamber} + m_{base} + \Delta m = \alpha_{case} m_p \tag{6-35}$$

其中，m_p 是推进剂的质量，$m_{chamber}$ 是燃烧室的质量，m_{base} 是发动机安装座的质量，Δm 是冗余推进剂的质量。

为简化处理，将固体火箭发动机近似为一个内径为 d 的圆筒，等效长度为 l_e，于是固体火箭发动机除尾喷管以外的质量为

$$m_e = \pi d l_e \rho_e \delta_{shell} \tag{6-36}$$

其中，d 是火箭发动机的内径；l_e 是发动机的等效长度，建议取发动机圆筒段的长度与一端球/椭球冠的高度之和；ρ_e 是发动机结构材料的密度，δ_{shell} 是发动机结构平均壁厚。

根据壳体的强度条件，有

$$\delta_{shell} = \frac{f p_{max} d}{2\sigma_b} \tag{6-37}$$

其中，f 是安全系数，低中压力时取 1.5～2.0；高压时取 2.5。固体火箭的压力为 5～10 MPa，为中等压力，取 $f=2.0$。σ_b 是材料的极限拉伸应力。p_{max} 是最大压力(5～10 MPa)。

将式(6-37)代入式(6-36)得到

$$m_e = \pi d^2 l_e \rho_e \frac{f p_{max}}{2\sigma_b} \tag{6-38}$$

药柱的质量为

$$m_p = k_p \frac{\pi d^2}{4} l_e \rho_p \tag{6-39}$$

其中，ρ_p 是药柱的密度；k_p 是因为药柱中空而引入的比例系数，$k_p<1$。

结合式(6-35)、式(6-38)和式(6-39)得到

$$\alpha_{case} = 2\frac{f\rho_e p_{max}}{k_p \rho_p \sigma_b} \tag{6-40}$$

其中，各个量的含义参考式(6-37)。

尾喷管的质量表示成地面推力的倍数：

$$m_{noz} = \beta_{noz} P_0 = \beta_{noz}\frac{m_0 g_0}{\nu_0} \tag{6-41}$$

根据统计资料，尾喷管的质量也可以表示为

$$m_{noz} = k_n I \tag{6-42}$$

其中，k_n 为比例常数，单位为 $\frac{\mathrm{s}}{\mathrm{m}}$；$I$ 为发动机的总冲量。如果假定发动机推力不变，近似为 P_0，发动机工作时间为 t，则有

$$m_{noz} = k_n t P_0 \tag{6-43}$$

对于现代固体火箭发动机，取

$$k_n = (0.8 \sim 1.2)\times 10^{-5} \tag{6-44}$$

所以式(6-41)中的参数 β_{noz} 为

$$\beta_{noz} = k_n t \tag{6-45}$$

公式中设计的飞行时间 t 由弹道仿真确定。

于是式(6-32)进一步写成

$$m_0 = m_h + \xi_c m_0 + \delta_c m_0 + (1-\mu_k) m_0 (1+\alpha_{case}) + k_n t \frac{m_0 g_0}{\nu_0}$$

所以得到质量分析方程

$$m_0 = \frac{m_{head}}{1-\left[\xi_c + \delta_c + (1-\mu_k)(1+\alpha_{case}) + \frac{k_n t g_0}{\nu_0}\right]} \tag{6-46}$$

上式可以抽象地表示为

$$m_0 = f(\mu_k, \nu_0) \tag{6-47}$$

6.4 固体火箭的一种详细的质量分析方法

6.4.1 发动机结构质量

下面介绍一种固体火箭质量分析的更详细的方法，这种详细的分析模型，对运载火箭的多学科优化有意义。在固体火箭中，推进系统的质量用 m_{prop} 表示为

$$m_{prop} = m_{case} + m_{noz} \tag{6-48}$$

其中　m_{case}——燃烧室的质量；

m_{noz}——尾喷管的质量。

固体火箭的结构质量表示为

$$m_{\text{k}}=m_{\text{head}}+m_{\text{prop}}+m_{\text{Ⅲ}} \tag{6-49}$$

其中，m_{head} 是火箭头部的质量，m_{prop} 是推进系统的质量，$m_{\text{Ⅲ}}$ 是指固体火箭级间段、尾段的结构质量和制导系统质量之和。与液体火箭处理方法一样，引入无量纲参数

$$K=\frac{m_{\text{head}}}{m_{\text{pay}}} \tag{6-50}$$

$$\mu_{\Sigma}=\frac{m_{\text{Ⅲ}}}{m_0} \tag{6-51}$$

对于固体火箭，μ_{Σ} 比较小，需要通过统计的方法得到。将参数 K、μ_{Σ} 以及式(6－48)代入火箭结构质量方程(6－49)，于是，固体火箭的结构质量表示为

$$m_{\text{k}}=Km_{\text{pay}}+m_{\text{case}}+m_{\text{noz}}+\mu_{\Sigma}m_0 \tag{6-52}$$

将式(6－52)中固体火箭发动机燃烧室的质量 m_{case} 表示为药柱质量的倍数，定义为

$$m_{\text{case}}=\alpha_{\text{case}}W \tag{6-53}$$

其中，特征重量 W 取药柱的重量。

将尾喷管的重量 $m_{\text{noz}}g_0$ 定义为地面推力的倍数

$$m_{\text{noz}}g_0=\beta_{\text{noz}}P_0 \tag{6-54}$$

6.4.2　药柱体积与质量

固体火箭发动机的药柱形状如图 6－5 所示，其顶端是半个回转椭球体，下面部分是圆柱体，中心是星形中空的孔。椭球的体积为

$$V=\frac{4}{3}\pi abc \tag{6-55}$$

其中，a、b、c 为椭球的半轴长度。

于是药柱的体积可以近似表示为

$$V=\left(\frac{\pi d^2}{4}-S_{\text{port}}\right)(l_{\text{gr}}-h)+\left(\frac{1}{2}\ \frac{4\pi}{3}\ \frac{d}{2}\ \frac{d}{2}h-S_{\text{port}}h\right) \tag{6-56}$$

整理得到

$$V=\pi d^3\left[\left(\frac{1}{4}-\frac{S_{\text{port}}}{\pi d^2}\right)\left(\frac{l_{\text{gr}}}{d}-\frac{h}{d}\right)+\left(\frac{1}{6}-\frac{S_{\text{port}}}{\pi d^2}\right)\frac{h}{d}\right] \tag{6-57}$$

其中，S_{port} 为初始气流通道横截面；l_{gr} 为药柱长度；d 为药柱直径。

引入比例参数 κ：

$$\kappa=\frac{S_0}{S_{\text{port}}} \tag{6-58}$$

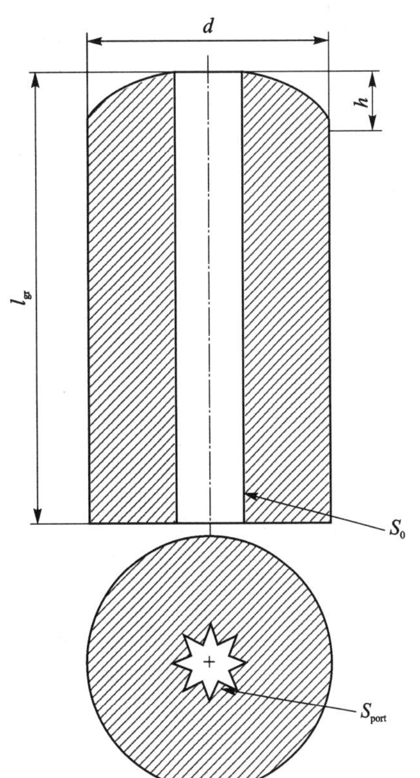

图 6－5　药柱示意图

其中，S_0 为初始燃烧表面积。可以进一步将 κ 写成

$$\kappa=\frac{c_{f0}l_{gr}}{S_{port}}=\frac{\psi\pi dl_{gr}}{S_{port}} \tag{6-59}$$

其中，c_{f0} 为星形通道的截面周长，ψ 为比例因子。

所以气流通道横截面 S_{port} 可以写成

$$S_{port}=\frac{\psi\pi dl_{gr}}{\kappa} \tag{6-60}$$

定义参数

$$\lambda=\frac{l_{gr}}{d} \tag{6-61}$$

令椭球高度为

$$h=0.25d \tag{6-62}$$

将式(6-60)、式(6-61)和式(6-62)代入式(6-57)，整理得到

$$V=\pi d^3\left[\left(\frac{1}{4}-\frac{\psi\lambda}{\kappa}\right)(\lambda-0.25)+\left(\frac{1}{6}-\frac{\psi\lambda}{\kappa}\right)0.25\right] \tag{6-63}$$

令

$$c=f(\kappa,\lambda,\psi)=\left(\frac{1}{4}-\frac{\psi\lambda}{\kappa}\right)(\lambda-0.25)+\left(\frac{1}{6}-\frac{\psi\lambda}{\kappa}\right)0.25 \tag{6-64}$$

所以药柱的重量 W 为

$$W=V\cdot\rho_{grain}=\rho_{grain}\pi d^3c \tag{6-65}$$

将式(6-64)改变形式得到

$$c=f(\kappa,\lambda,\psi)=-\frac{\psi}{\kappa}\lambda^2+\frac{1}{4}\lambda-\frac{1}{48} \tag{6-66}$$

令 $\psi=1$，κ 取不同值，根据式(6-66)绘制曲线如图 6-6 所示，得到 c 与 λ 的关系，κ 越大，c 与 λ 的线性特征越明显。

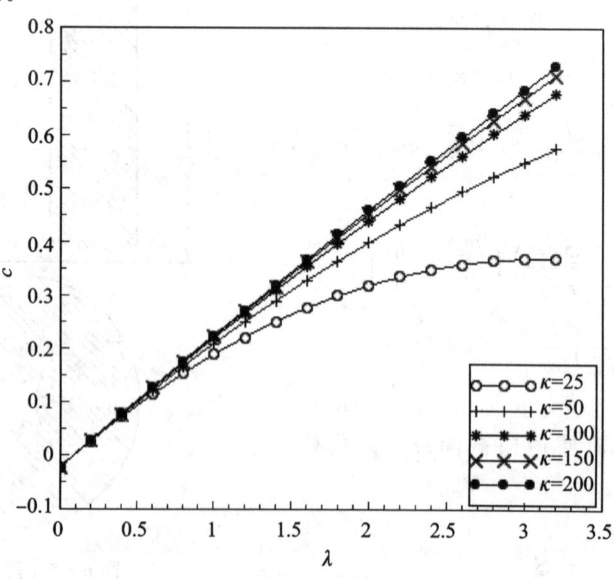

图 6-6 c 与 λ 的关系曲线

6.4.3　发动机燃烧室质量

发动机燃烧室由壳体、内壁涂层、安装附件等部分组成，一般情况，推进剂有一定的冗余，这部分冗余质量也计入到燃烧室的质量中，于是燃烧室的质量可以细分为多个部分质量之和：

$$m_{\text{case}} = m_{\text{shell}} + m_{\text{coating}} + m_{\text{red}} + m_{\text{aux}} \tag{6-67}$$

其中，m_{shell} 是燃烧室壳体的质量；m_{coating} 是燃烧室涂层的质量；m_{red} 是药柱的冗余质量；m_{aux} 是发动机附件的质量。

固体火箭发动机的燃烧室的壳体是总质量的主要贡献者，它由圆柱形的筒体和回转椭球冠组成，如图 6－7 所示。

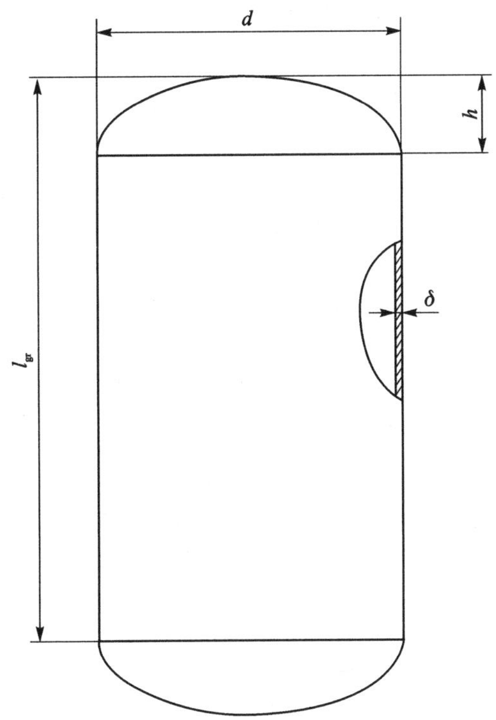

图 6－7　燃烧室壳体示意图

对于形如

$$\frac{x^2}{a^2} + \frac{y^2}{a^2} + \frac{z^2}{c^2} = 1, \quad a > c \tag{6-68}$$

的回转椭球，表面积采用下式计算：

$$S = 2\pi a^2 (1 + FH) \tag{6-69}$$

其中

$$F = \frac{A}{2\sqrt{1-A}}$$

$$A = \frac{c^2}{a^2}$$

$$H=\ln\frac{2-A+2\sqrt{1-A}}{A}$$

对于火箭发动机，令 $a=0.5d$，$c=h=0.25d$，代入式(6-69)，得到回转椭球半球冠的表面积为

$$S_b=0.345\pi d^2 \tag{6-70}$$

燃烧室壳体的质量

$$m_{shell}=[\pi d(l_{gr}-h)+2S_b]\delta_{shell}\rho_{shell}$$

进一步整理得到质量为

$$m_{shell}=[\pi d(l_{gr}-0.25d)+0.690\pi d^2]\delta_{shell}\rho_{shell} \tag{6-71}$$

将式(6-61)定义的参数 λ 引入式(6-71)并整理得到

$$m_{shell}=\pi d^2(\lambda+0.440)\delta_{shell}\rho_{shell} \tag{6-72}$$

将壳体的强度条件式(6-37)代入式(6-72)，得到最终的壳体质量为

$$m_{shell}=\pi d^3(\lambda+0.440)\frac{fp_{max}\rho_{shell}}{2\sigma_b} \tag{6-73}$$

以药柱的质量 W 为特征量，结合式(6-65)和式(6-73)定义参数 α_{shell}，可以得到

$$\alpha_{shell}=\frac{m_{shell}}{W}=\frac{fp_{max}\rho_{shell}}{2\sigma_b\rho_{grain}}\left(\frac{\lambda+0.44}{c}\right) \tag{6-74}$$

其中，f 是安全系数，低中压力时取 1.5～2.0，高压时取 2.5；固体火箭压力为 5～10 MPa，为中等压力，取 $f=2.0$。σ_b 是材料的极限拉伸应力；p_{max} 是最大压力(5～10 MPa)；λ 的定义见式(6-61)；c 的含义见式(6-64)或式(6-66)。这样系数 α_{shell} 就被用发动机的若干特性参数表示出来了，当 W 确定后，就可以通过式(6-74)求出壳体的质量。

观察式(6-67)右边，可以类似 α_{shell} 给出其他几个参数的定义，这些定义被汇集在一起得到

$$\left.\begin{aligned}\alpha_{shell}&=\frac{m_{shell}}{W}\\ \alpha_{coating}&=\alpha_{shell}\left(\frac{\rho_{coating}\delta_{coating}}{\rho_{shell}\delta_{shell}}\right)\\ \alpha_{red}&=\frac{m_{red}}{W}\\ \alpha_{aux}&=\frac{m_{aux}}{W}\end{aligned}\right\} \tag{6-75}$$

所以将式(6-67)两边同除以药柱质量 W，可以得到如下关于系数的关系式：

$$\alpha_{case}=\alpha_{shell}+\alpha_{coating}+\alpha_{red}+\alpha_{aux} \tag{6-76}$$

上式右边各个系数中，α_{shell} 的贡献最大，计算公式由式(6-74)给出，$\alpha_{coating}$ 与 α_{shell} 相关。对于固体火箭发动机，α_{red} 和 α_{aux} 这两个量一般比较小，可以由经验或统计数据得到。

6.4.4 尾喷管质量

将发动机尾喷管简化成如图 6-8 所示的形状，由几何关系可以给出其质量公式

$$m_{noz}=S_{noz}\rho_{noz}\delta_{noz} \tag{6-77}$$

其中，S_{noz} 是尾喷管的表面积，ρ_{noz} 是尾喷管材料的密度，δ_{noz} 是尾喷管壳体的厚度。

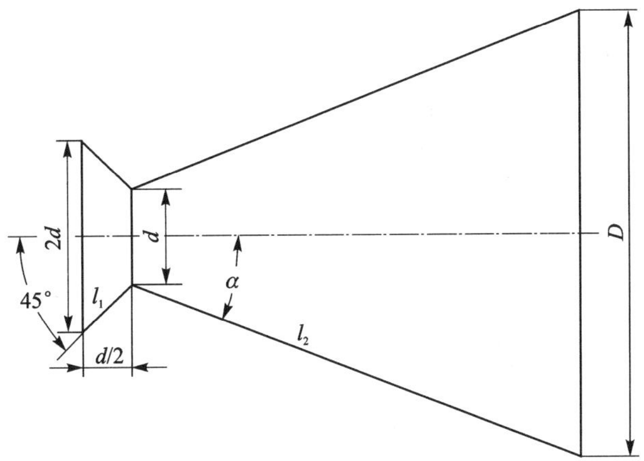

图 6-8　尾喷管简化模型示意图

尾喷管表面积

$$S_{\text{noz}}=\pi\left(d+\frac{d}{2}\right)l_1+\frac{1}{2}\pi(D+d)l_2 \tag{6-78}$$

$$l_1=\frac{\sqrt{2}}{2}d \tag{6-79}$$

$$l_2=\frac{1}{2\sin\alpha}(D-d) \tag{6-80}$$

将式(6-79)中的 l_1 和式(6-80)中的 l_2 代入尾喷管表面积公式(6-78)，得到

$$S_{\text{noz}}=\frac{1}{4\sin\alpha}\pi D^2+\frac{1}{4}\left(3\sqrt{2}-\frac{1}{\sin\alpha}\right)\pi d^2 \tag{6-81}$$

引入尾喷管的扩张度(expansion ratio)参数 m，令

$$D=md \tag{6-82}$$

得到

$$S_{\text{noz}}=\kappa_{\text{noz}}\pi d^2 \tag{6-83}$$

其中

$$\kappa_{\text{noz}}=\frac{1}{4}\left(\frac{m^2-1}{\sin\alpha}+3\sqrt{2}\right) \tag{6-84}$$

初步设计阶段可以近似取 $\alpha=21°$。

由式(6-54)可知

$$\beta_{\text{noz}}=\frac{m_{\text{noz}}g_0}{P_0}=\frac{S_{\text{noz}}\rho_{\text{noz}}\delta_{\text{noz}}g_0}{P_0} \tag{6-85}$$

发动机地面有效推力 P_0 为

$$P_0=\phi p_c S_{\text{throat}} \tag{6-86}$$

其中，$S_{\text{throat}}=\frac{1}{4}\pi d^2$ 是尾喷管喉部面积；ϕ 是比例因子；p_c 是燃烧室压力。

将式(6-83)和式(6-86)代入式(6-85)，得到

$$\beta_{noz}=\frac{\kappa_{noz}\rho_{noz}\delta_{noz}g_0}{\phi p_c} \tag{6-87}$$

当这个参数确定后，就可以根据式(6-54)求出尾喷管的质量。

6.4.5 固体火箭发动机的质量分析方程

本小节汇总前面讨论的内容，导出最终的质量分析方程。将式(6-53)和式(6-54)代入式(6-52)得到

$$m_k=Km_{pay}+\alpha_{case}W+\beta_{noz}\frac{P_0}{g_0}+\mu_\Sigma m_0 \tag{6-88}$$

将式(6-88)两边同除以 m_0 得到

$$\mu_k=K\frac{m_{pay}}{m_0}+\alpha_{case}\frac{W}{m_0}+\beta_{noz}\frac{P_0}{m_0g_0}+\mu_\Sigma \tag{6-89}$$

其中

$$\frac{W}{m_0}=\frac{m_0-m_k}{m_0}=1-\mu_k \tag{6-90}$$

$$\frac{P_0}{m_0g_0}=\frac{1}{\nu_0} \tag{6-91}$$

所以式(6-89)可以进一步写成

$$\mu_k=\frac{1}{1+\alpha_{case}}\left(K\frac{m_{pay}}{m_0}+\alpha_{case}+\beta_{noz}\frac{1}{\nu_0}+\mu_\Sigma\right) \tag{6-92}$$

其中，α_{case} 由式(6-76)计算，β_{noz} 由式(6-87)计算，K 和 μ_Σ 由经验给定。这就是固体火箭的质量分析方程，它给出了固体运载火箭的总质量和主要设计参数之间的关系。为了便于表述，式(6-92)也可以被抽象地简单记为

$$m_0=f(\mu_k,\nu_0)$$

习　　题

1. 进行运载火箭质量分析的目的是什么？

2. 进行液体推进运载火箭质量分析时，火箭质量被分解为哪几个部分？各个部分的特征量分别是什么？

3. 学习使用书中提供的液体推进运载火箭质量分析程序，试绘出当有效载荷为 500 kg 时，运载火箭总质量与参数 ν_0、μ_k 之间的影响关系曲线。

4. 假定有效载荷为 500 kg，根据式(6-46)及相关公式，编程绘制固体推进火箭的总质量和参数 ν_0、μ_k 之间的影响关系曲线。

附录　液体火箭质量分析程序

```
//mass_analysis1.cpp
//液体推进运载火箭质量分析程序，计算火箭总质量和关机质量比之间的关系
//郭祖华 2020/09/15
```

```
#include "pch.h"
#include <iostream>
#include <fstream>
#include <iomanip>
using namespace std;

double cal_mass_ratio(double m0, double m_pay = 1000, double niu0 = 0.6, double ae = 1.12,
double K = 1.1, double rou_AB = 1.317e3);

int main()
{
double K, muk, rou_AB;
double  ae,  niu0, m0,m_pay;
int i;

ofstream fileout("mass_analysis_curve.txt");
if (fileout.bad()) {
    cout << "OPen file error! \n";
    return 1;
}
    std::cout << "Hello! \n";
K = 1.1;                //有效载荷比例
ae = 1.12;              //真空推力与地面推力比
niu0 = 0.8;             //重推比
rou_AB = 1.317e3;       //推进剂密度,kg/m3
m_pay = 1500;           //有效载荷质量,kg
m0 = 11000;             //kg

cout << "Program: mass_analysis1, mass analysis for liquid engine carrier rocket\n";
cout << "niu0 = " << setw(15) << setprecision(3) << niu0 << '\n';
cout << "  K = " << setw(15) << setprecision(3) << K << '\n';
cout << " ae = " << setw(15) << setprecision(3) << ae << '\n';
cout << "m_pay = " << setw(15) << setprecision(4) << m_pay << " kg\n";
cout << "rou_AB = " << setw(15) << setprecision(4) << rou_AB << " kg/m3\n";

cout << "index\t";
cout << setw(8) << "muk\t";
cout << setw(8) << "1 - muk\t";
cout << setw(12) << "m0 / kg\n";
fileout << "Program: mass_analysis1, mass analysis for liquid engine carrier rocket\n";
fileout << "niu0 = " << setw(15) << setprecision(3) << niu0 << '\n';
fileout << "  K = " << setw(15) << setprecision(3) << K << '\n';
```

```
fileout << " ae = " << setw(15) << setprecision(3) << ae << '\n';
fileout << "m_pay = " << setw(15) << setprecision(3) << m_pay << " kg\n";
fileout << "rou_AB = " << setw(15) << setprecision(4) << rou_AB << " kg/m3\n";
fileout << "index\t";
fileout << setw(8) << "muk\t";
fileout << setw(8) << "1 - muk\t";
fileout << setw(12) << "m0 / kg\n";

for (i = 0; i < 50; i++,m0 += 1000) {
    muk = cal_mass_ratio(m0, m_pay, niu0,ae,K);
    cout << setw(5) << i << '\t' << setw(8) << setprecision(3) << muk << '\t';
    cout << setw(8) << setprecision(3) << 1 - muk << '\t' ;
    cout << setw(12) << setprecision(8) << m0 << '\n';
    fileout << setw(5) << i << '\t' ;
    fileout << setw(8) << setprecision(3) << muk << '\t';
    fileout << setw(8) << setprecision(3) << 1 - muk << '\t';
    fileout << setw(12) << setprecision(8) << m0 << '\n';
}
fileout.close();
std::cout << "Press any key and Enter to exit program\n";
getchar();
return 0;
}

double cal_mass_ratio(double m0, double m_pay,double niu0,double ae,double K,double rou_AB)
{
double A, K_aux, gama_F, mu_sigma, a_sigma, rou_sigma, muk;
double Pv, P0, m_AB;
int counter;
double muk0;

counter = 0;
muk = 0.2;
do {
    muk0 = muk;//guess a initial value;
    P0 = m0 * 9.8 / niu0;
    Pv = P0 * ae;
    gama_F = 0.0067 * 9.8 * (1.0 + 3.0 * exp( - 3.8e - 6 * Pv)) / ae;
    mu_sigma = 0.01 * (1.0 + 3.5 * exp( - 3.4e - 5 * m0));
    m_AB = (1 - muk0) * m0;
    K_aux = 0.014 * (1 + 0.5 * exp( - 7.5e - 6 * m_AB));
    rou_sigma = 25.0 * (1 + 1.5 * exp( - 7.5e - 5 * m_AB));
    a_sigma = rou_sigma / rou_AB;
```

```
    A = a_sigma / (1 + K_aux + a_sigma);
    muk = (K * m_pay / m0 + gama_F / niu0 + mu_sigma) * (1 - A) + A;
    //std::cout << muk0 << '\t' << muk << '\n';
    counter++;
}while (abs(muk - muk0) > 1e-4 && counter<500);
return muk;
}
```

第 7 章　运载火箭设计参数的选择

本章将讨论几种运载火箭设计参数的选择方法，这些方法都是以前面速度分析和质量分析的结论为基础的，在有些方法中也提到了射程与设计参数之间的关系，该关系也可以通过前面的章节内容得到。本章首先介绍液体火箭总体设计参数的选择方法，然后讨论固体火箭总体设计参数的选择方法。固体火箭与液体火箭不同，设计参数有一些新的限制，在对应章节中给出了具体的推导。最后一部分给出了探空火箭总体设计参数选择的一般方法。本章中的所有设计方法只做了思路介绍，设计时所用到的各种计算需要读者参照前面的章节内容来具体实现。

7.1　液体火箭主要设计参数的选择方法

根据第 5 章中的速度分析模型，当知道所需的关机速度或者弹道导弹的射程指标时，就可以进行运载火箭的设计参数的选择；如果读者根据第 6 章介绍的内容，在设计时同时考虑设计参数对运载火箭总质量的影响，就可以兼顾火箭的经济性，得到更加合理的设计方案。根据不同的设计任务，可以得到不同的设计输入条件；根据不同的设计输入条件，可以采用不同的设计方法来实现总体设计参数的选择。下面将详细讨论几种设计参数的确定方法。

7.1.1　根据关机速度选择设计参数

这一节介绍根据关机速度 v_k 选择设计参数使火箭总质量 m_0 最小的设计方法。关机速度的大小和方向角是由运载火箭发射任务来确定的，所以根据关机点的速度来进行火箭设计是最直接的思路，显然利用前面速度分析和质量分析的知识可以实现设计参数的选择。但对于弹道导弹设计任务，一般给定的设计指标是导弹的射程、弹头战斗部的质量等，这种情况下，仍然可以采用速度分析的方法，但首先要通过射程得到导弹的关机点速度要求，然后就可以用设计运载火箭的方法进行设计了。所以，设计步骤可以被分为三步。

① 根据有效载荷的入轨条件或弹道导弹的射程 l 确定关机速度 v_k。

② 根据速度分析曲线 $v_k=f(\mu_k,\nu_0)$ 选择可行的设计参数组合 μ_k 和 ν_0，使之满足给定的关机速度 v_k。

③ 根据质量分析曲线 $m_0=g(\mu_k,\nu_0)$ 选择最优 μ_k 和 ν_0，使得火箭总体质量 m_0 最小。

下面将展示具体的设计过程。

① 计算关机速度方向角 θ_k。

对于卫星发射任务，关机速度方向角可以通过入轨信息得到，在这里只讨论弹道导弹的情况。根据前面的分析可知，弹道导弹的射程包括主动段射程、弹道段射程和再入段射程三个部分：

$$l=l_{\mathrm{A}}+l_{\mathrm{B.F.}}+l_{\mathrm{E}} \tag{7-1}$$

将公式改变一下形式得到

$$l = \left(1 + \frac{l_{\mathrm{A}} + l_{\mathrm{E}}}{l_{\mathrm{B.F.}}}\right) l_{\mathrm{B.F.}} = K l_{\mathrm{B.F.}} \tag{7-2}$$

当射程在 300～3 000 km 时，系数 K 的变化范围是 1.2～1.1，经统计得到如下经验公式：

$$K = 1 + \frac{1.13}{\sqrt[3.3]{l}} \tag{7-3}$$

根据统计公式，当射程为 10 000 km 时，$K=1.069\ 336$。显然，当射程较远时，K 更趋近于 1；换句话说，主动段和再入段的射程对总射程的相对贡献减小了。K 与射程 L 的关系曲线如图 7－1 所示。

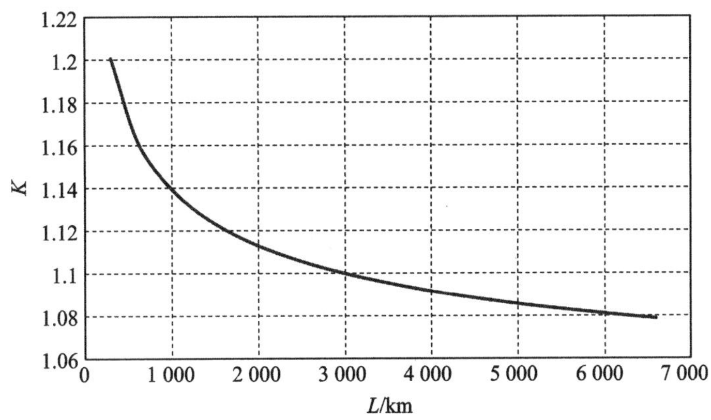

图 7－1　参数 K 随射程变化的曲线

首先根据总射程计算弹道段射程：

$$l_{\mathrm{B.F.}} = \frac{l}{K} \tag{7-4}$$

然后计算关机点最优弹道倾角：

$$\theta_k^{\mathrm{opt}} = \frac{\pi}{4} - \frac{l_{\mathrm{B.F.}}}{4 \times 6\ 371} \tag{7-5}$$

其中，射程的单位为 km。

② 设定飞行程序 $\theta(\mu)$。

根据经验选取 $\mu_1=0.95$，$\mu_2=0.3$，确定飞行程序为

$$\theta(\mu) = \frac{\frac{\pi}{2} - \theta_k^{\mathrm{opt}}}{(\mu_1 - \mu_2)^2}(\mu - \mu_2)^2 + \theta_k^{\mathrm{opt}} \tag{7-6}$$

③ 根据 5.2 节或 5.3 节的算法计算关机速度 v_k：

$$v_k = f(\mu_k, \nu_0) \tag{7-7}$$

计算时假设如下参数：

$$a_{\mathrm{E}} = 1.12$$

$$p_m = 10 \times 10^3\ \mathrm{kg/m^2}$$

粗略的气动参数由式(1－18)给出。

④ 由③计算的数据绘制成关机速度曲线。

⑤ 由 6.2 节介绍的质量分析公式(6－30)计算数据并绘制质量分析曲线。

⑥ 联合使用速度分析曲线和质量分析曲线，根据最小的 m_0 选择最优设计参数 μ_k^*。

⑦ 最后根据 $v_k = f(\mu_k^*, \nu_0)$，绘制 v_k 与 ν_0 的关系曲线，确定设计参数 ν_0。

图 7－2 所示为根据关机速度选择设计参数的方法示意图。

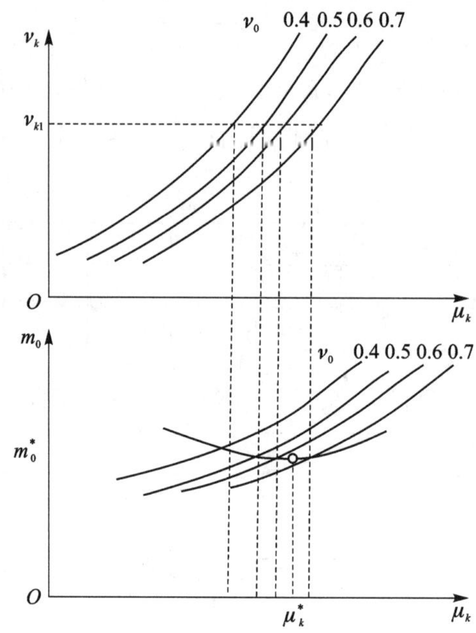

图 7－2 根据关机速度选择设计参数的方法示意图

7.1.2 根据射程选择设计参数

对于导弹系统，射程是一个战术指标，根据该指标选择设计参数实现火箭总质量最小，设计更加直观，所以也可以通过分析计算直接找到射程 L 和设计参数之间的关系，然后结合质量分析来实现弹道导弹的设计参数选择。推荐步骤如下。

(1) 飞行状态求解

通过速度分析公式可以求出各种飞行状态量和设计参数的关系：

$$v_k = f(\mu_k, \nu_0) \tag{7-8}$$

$$x_k = g(\mu_k, \nu_0) \tag{7-9}$$

$$y_k = h(\mu_k, \nu_0) \tag{7-10}$$

(2) 射程曲线绘制

总射程采用如下计算公式：

$$L = L_A + L_{free} - \Delta L \tag{7-11}$$

其中 L_A——主动段飞行射程，可以近似为 $L_A = x_k$；

L_{free}——自由段弹道射程；

ΔL——再入段射程的修正，一般占整个射程的 1%～2%。

其中自由段射程可以采用下面的公式计算：

$$L_{free} = 2R_0 \arcsin\left(\frac{\nu}{2-\nu}\right)\sqrt{1+\frac{2y_k}{R_0 \nu}} \tag{7-12}$$

其中，R_0 为地球半径，y_k 为关机点高度，ν 采用下面的公式计算：

$$\nu = \frac{(R_0 + y_k)v_k^2}{g_0 R_0^2} \tag{7-13}$$

结合(1)中分析的结果，最终可以得到射程和设计参数的关系曲线：

$$L = L(\mu_k, \nu_0) \tag{7-14}$$

(3) 绘制质量分析图

根据质量分析可以得到总质量与设计参数之间的关系曲线：

$$m_0 = M(\mu_k, \nu_0) \tag{7-15}$$

(4) 结合射程曲线和质量分析图确定最优设计方案

将射程分析曲线和质量分析曲线相结合，消去 μ_k，就可以得到当总质量 m_0 等于特定值时，射程 L 和重推比 ν_0 之间的关系曲线，如图 7-3 所示。借助这个曲线就可根据给定的射程 L 实现火箭参数 ν_0 的选择。

(5) 确定设计参数 μ_k

根据(3)中的质量分析方程(7-15)确定设计参数 μ_k。

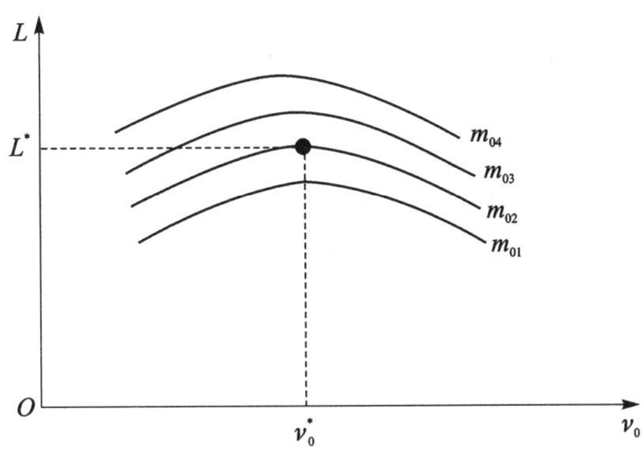

图 7-3　根据射程进行参数选择示意图

7.1.3　根据推力选择设计参数

在实际设计过程中，会遇到火箭发动机已经选定的情况，这时推力已经是一个已知量了，所以前面两种方法都不适用。下面讨论这种情况下的设计问题。根据 7.1.2 小节的分析，读者得到了形如式(7-14)和式(7-15)的两个关系式，如果消去两个公式中的 μ_k，则理论上可以得到如下关系式：

$$m_0 = M_1(L, \nu_0) \tag{7-16}$$

当选定特定的射程值 L 后，就可以绘出火箭总质量 m_0、射程 L 与重推比 ν_0 之间的关系图。

由重推比的定义可知

$$P_0 = \frac{G_0}{\nu_0} = \frac{m_0 g_0}{\nu_0} \tag{7-17}$$

也就是说当推力一定时，$\frac{m_0}{\nu_0}$ 为一个常数，所以可以在图中绘制一条过原点、斜率为 $\frac{P_0}{g_0}$ 的直线，该直线与对应射程下的 $m_0-\nu_0$ 曲线的交点，就可以得到设计参数 ν_0 以及对应的质量 m_0。

然后将重推比 ν_0 和质量 m_0 代入质量分析方程(7－15)，就可以求出另一个设计参数质量比 μ_k。

图 7－4 所示为根据推力选择设计参数的示意图。

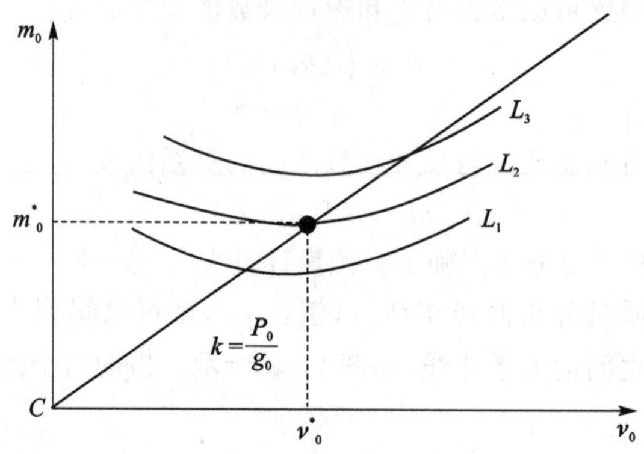

图 7－4 根据推力选择设计参数的示意图

7.2 固体火箭主要设计参数的选择

在运载火箭速度分析方面，固体火箭和液体火箭是相同的，因此，前面讨论的速度分析方法对固体火箭仍然适用，但质量分析有所不同。由于固体火箭结构方面的特点，在参数选择上也与液体火箭有所不同。下面将介绍一种选择方法。

7.2.1 参数选择的两个限制条件

1. 发动机工作时间的限制

火箭飞行时间公式为

$$t_k=\nu_0 g_0 I_{sp0}^{E}(1-\mu_k) \tag{7-18}$$

由于考虑到发动机喷管材料受热的影响，发动机工作时间不是无限制的。燃气温度和材料性能决定了可能的工作时间限制。从式(7－18)可以看出，对发动机工作时间的限制本质上是限制了参数 ν_0 和 μ_k 的选择范围，当 μ_k 一定时，飞行时间 t_k 就决定了 ν_0 的上限。

2. 控制系统可能承受的过载限制

火箭的轴向过载为

$$n=\frac{P-X}{mg} \tag{7-19}$$

火箭的最大过载为

$$n_{\max}=\frac{P_{\mathrm{v}}}{m_k g}=\frac{a_{\mathrm{E}}P_0}{m_o g_0\mu_k}=\frac{a_{\mathrm{E}}}{\nu_0\mu_k} \tag{7-20}$$

考虑控制系统的可能承受的最大过载，火箭的过载不能无限制地提高，由式(7－20)可以看出，对最大过载的限制也就限制了总体设计参数的选择范围，在 μ_k 和 a_{E} 一定时，由式(7－20)可以求出 ν_0 的下限。

7.2.2　参数选择方法

7.2.1 小节介绍的两个条件是做参数选择时必须考虑的。下面推荐一种用于固体火箭的参数选择方法。

1. 绘制速度和射程曲线

选取推进剂比冲 $I_{sp0}^{E}=\text{const}$，根据速度分析的知识绘制速度曲线组 $v_k=f(\nu_0,\mu_k)$，然后根据射程计算公式求出对应的射程曲线组 $L=L(\nu_0,\mu_k)$。

图 7－5 所示为速度与设计参数的关系曲线。图 7－6 所示为射程与设计参数的关系曲线。

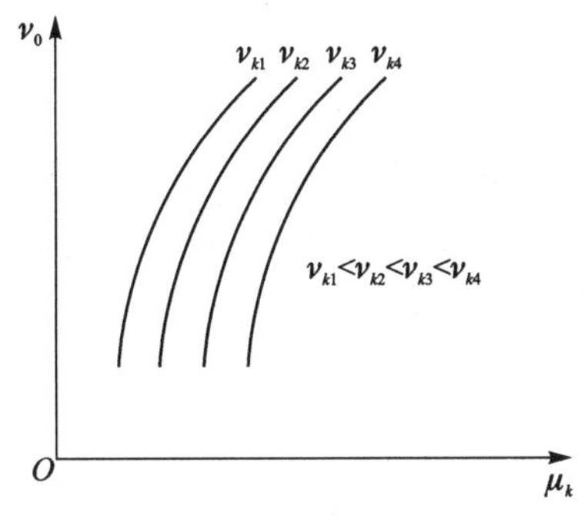

图 7－5　速度与设计参数的关系曲线

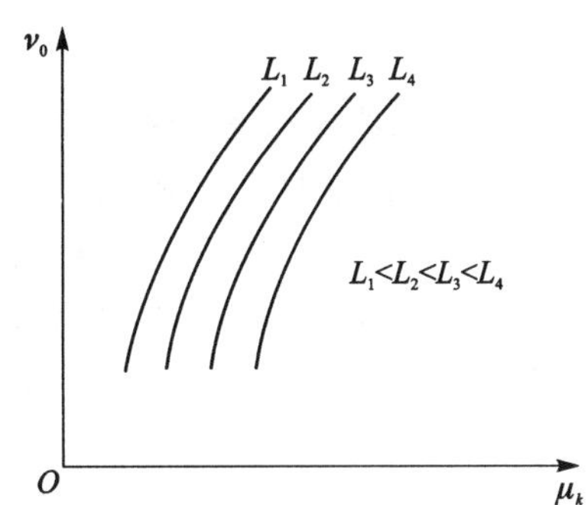

图 7－6　射程与设计参数的关系曲线

2. 绘制约束曲线

根据飞行时间约束条件

$$\nu_0 g_0 I_{sp0}^{E}(1-\mu_k)\leqslant[t_k] \tag{7-21}$$

得到重推比的上限曲线

$$\nu_0\leqslant\frac{[t_k]}{g_0 I_{sp0}^{E}(1-\mu_k)} \tag{7-22}$$

其中，$[t_k]$ 为发动机容许的工作时间。

根据控制系统过载条件

$$n_{\max}=\frac{a_E}{\nu_0\mu_k}\leqslant[n] \tag{7-23}$$

得到重推比的下限曲线

$$\nu_0\geqslant\frac{a_E}{[n]\mu_k} \tag{7-24}$$

其中，$[n]$ 为火箭容许的纵向过载。

将两条曲线绘制在坐标系中得到如图 7－7 所示的曲线。O' 点以左且在两条曲线之间的取值是可行设计参数。将式(7－21)做一下形式变化，很容易得到 O' 所对应的 μ_k 的计算公式：

$$\mu_k=1-\frac{[t_k]}{g_0 I_{sp0}^{E}\nu_0} \tag{7-25}$$

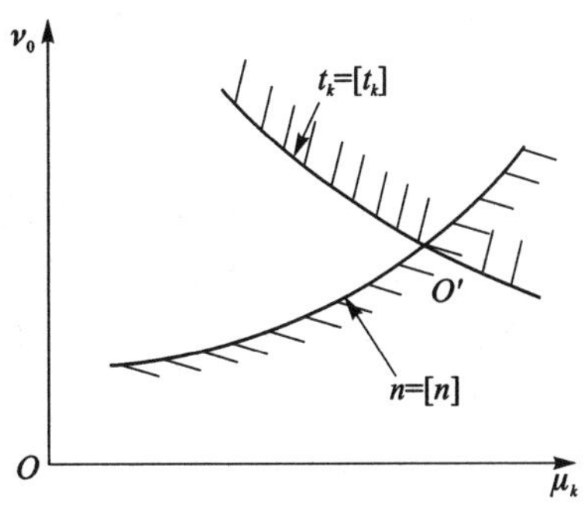

图 7－7　设计参数的边界约束示意图

代入式(7-24)并取等号,可以得到 ν_0 的计算公式:

$$\nu_0=\frac{a_E}{[n]\left(1-\dfrac{[t_k]}{g_0 I_{sp0}^E \nu_0}\right)} \tag{7-26}$$

整理得到

$$\nu_0=\frac{a_E}{[n]}+\frac{[t_k]}{g_0 I_{sp0}^E} \tag{7-27}$$

将式(7-27)代入式(7-25)得到 μ_k 临界值为

$$\mu_k=1-\frac{[t_k]}{g_0 I_{sp0}^E \dfrac{a_E}{[n]}+[t_k]} \tag{7-28}$$

3. 根据速度曲线或射程曲线进行参数选择

将速度曲线和约束曲线绘制在同一幅坐标图中,得到根据速度曲线进行参数选择的工具曲线图,如图 7-8 所示。同理,将射程曲线和约束曲线绘制在同一幅坐标图中,得到根据射程曲线进行参数选择的工具曲线图,如图 7-9 所示。显然曲线落在 O' 点以右的,没有可行解。当关机速度取 v_{k2} 或射程取 L_2 时,可以在可行域(对应曲线的 AB 段)中选取相应的设计方案。

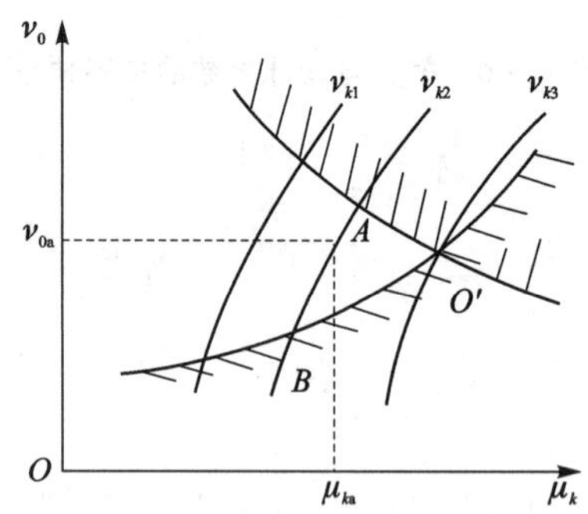

图 7-8 根据速度曲线和约束确定设计参数的选择范围

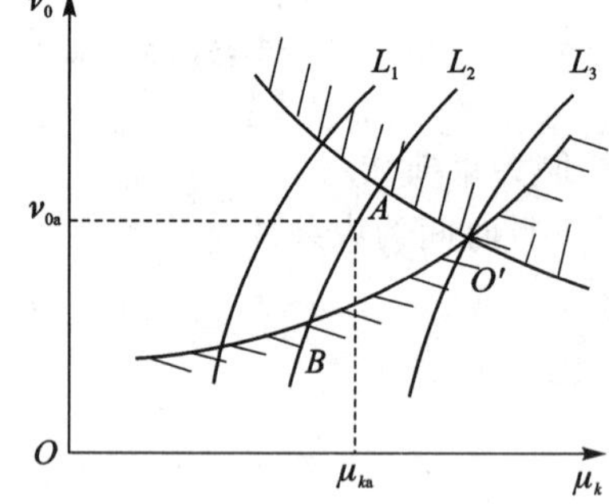

图 7-9 根据射程曲线和约束确定设计参数的选择范围

4. 结合质量分析和速度分析优选设计参数

将质量分析方程(7-15)和速度分析方程(7-9)即

$$m_0=M(\mu_k,\nu_0)$$
$$v_k=f(\nu_o,\mu_k)$$

合在一起,当消去其中的 μ_k 时,就可以得到在给定 v_k 的情况下,m_0 随 ν_0 变化的情况,如图 7-10 所示,根据该曲线可以选择给定关机速度条件下的最优重推比和最轻的箭体总质量。

同理,将质量分析方程(7-15)和射程方程(7-14)即

$$m_0=M(\mu_k,\nu_0)$$
$$L=L(\mu_k,\nu_0)$$

合在一起,当消去其中的 μ_k 时,就可以得到在给定 L 的情况下,m_0 随 ν_0 变化的情况,如图 7-11 所示,当然图中的 ν_0 的变化范围仅限于速度分析所确定的范围。根据该曲线可以选

择给定射程情况下的最优重推比和最轻的箭体总质量。

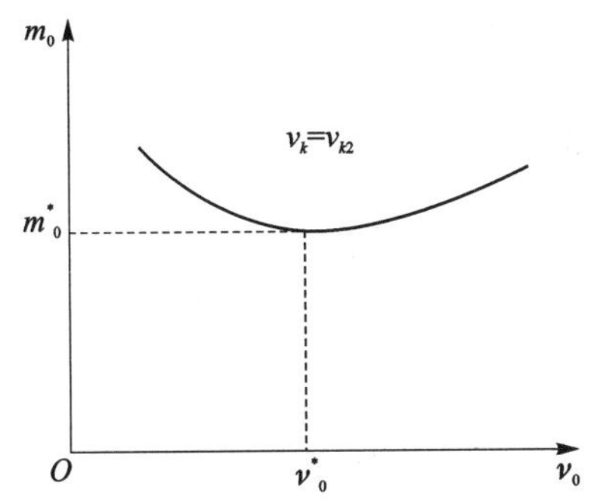

图 7-10　当关机速度大小一定时，运载火箭总质量与重推比之间的关系

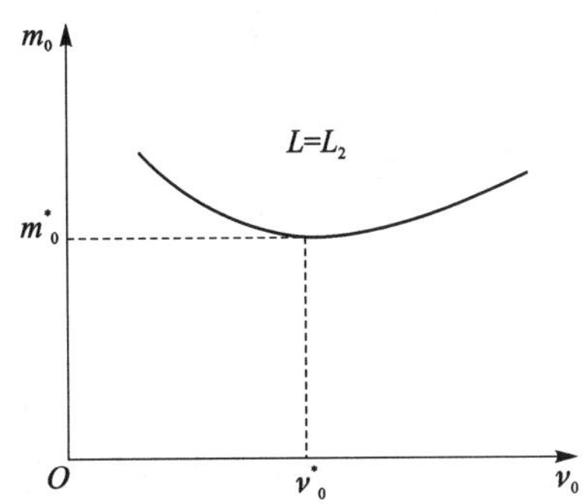

图 7-11　当射程大小一定时，弹道导弹总质量与重推比之间的关系

7.3　探空火箭设计参数的选择

探空火箭的技术要求主要是飞行高度。因此，探空火箭的参数可以以预期的飞行高度指标和最小的起飞质量为条件进行设计选择。可以将探空火箭理解为运载火箭中的特例，它不需控制，飞行程序简单，记为

$$\theta=\frac{\pi}{2}$$

所以，进行设计时的主要目标是找到飞行高度 H 与设计参数之间的关系。探空火箭的飞行高度可以分成两部分，即主动段飞行高度和被动段飞行高度，记为

$$H=H_a+H_c \tag{7-29}$$

其中，H_a 是主动段飞行高度，H_c 是被动段飞行高度。

根据火箭的运动方程及前面速度分析的知识，同样可得到探空火箭的速度和高度与主要设计参数的关系：

$$V_k=f(\mu_k,\nu_0) \tag{7-30}$$

$$H_a=g(\mu_k,\nu_0) \tag{7-31}$$

当知道探空火箭主动段飞行速度和高度时，忽略气动阻力，就可以通过积分计算出关机后的势能，根据机械能守恒定律有

$$\frac{1}{2}V_k^2=\int_{H_a}^{H_a+H_c}g(h)\mathrm{d}h=R_0^2g_0\int_{H_a}^{H_a+H_c}\frac{1}{(R_0+h)^2}\mathrm{d}h \tag{7-32}$$

推导得到

$$H_c=(R_0+H_a)\left[\frac{1}{1-\dfrac{V_k^2(R_0+H_a)}{2g_0R_0^2}}-1\right] \tag{7-33}$$

结合式(7-29)、式(7-31)和式(7-33)，读者可以得到探空火箭飞行全高和设计参数的关系式，抽象记为

$$H = h(\mu_k, \nu_0) \tag{7-34}$$

探空火箭的质量方程可以记为

$$m_0 = M(\mu_k, \nu_0) \tag{7-35}$$

与运载火箭设计相似，结合关系式(7-34)和式(7-35)可以进行参数 μ_k、ν_0 的选择，然后进行探空火箭下一步的设计工作。

习　题

1. 一般来讲，在确定运载火箭总体参数时，需要从哪几个方面着手考虑？

2. 进行运载火箭或弹道导弹总体参数选择的一般过程是什么？

3. 根据图 7-1 分析 K 随射程 L 增加而较小的原因是什么？

4. 假定某弹道导弹的射程为 800 km，有效载荷为 500 kg，请根据本章中学习的方法实现导弹总体参数的选择。

第 8 章　多级运载火箭的设计

在运载火箭的发展过程中，提高火箭运载能力即火箭的关机速度和有效载荷的质量，是一个重要的任务，但由于发动机性能、材料及制造技术的限制，单级火箭主动段的关机速度始终没法超越一定的限制，为了实现更高的关机速度就必须采用多级火箭。有些发射任务，虽然用单级火箭可以实现，但火箭的起飞重量大，不经济，此时，采用多级火箭也是理想的选择；采用多级火箭技术的另一个明显的好处是对各级火箭推进剂和结构重量的要求都可以适度降低，换句话说即使是采用普通推进剂也可以实现发射任务。当然在应用上，多级火箭也存在弱点，比如结构复杂，可靠性相对难以保证。另外，作为武器系统时，液体火箭的发射准备时间偏长，所以固体火箭是更好的选择。

8.1　子火箭的概念

开始讨论多级火箭设计前，先引入火箭子级的概念。多级火箭的一般形式如图 8－1 所示，图中为一个三级火箭示意图。大家可以把这枚运载火箭理解成由 3 个子级和有效载荷构成，子级是指火箭去掉载荷而余下的部分；所有的火箭合在一起，被称为第一级火箭，将第一级火箭的第一个子级去掉后，剩下的部分是第二级火箭；同样，第二级火箭去掉第二个子级后，余下的火箭被称为第三级火箭。

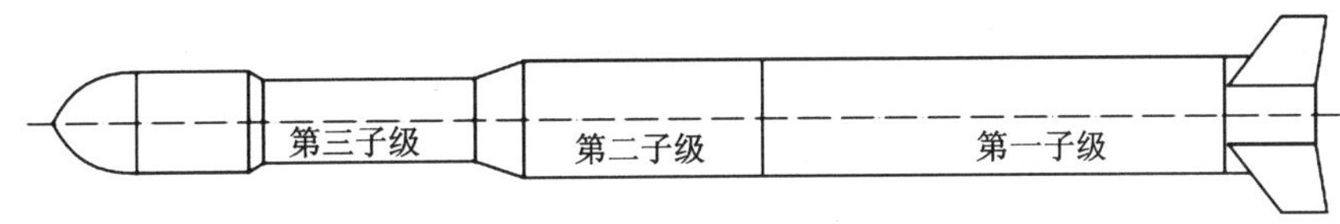

图 8－1　多级火箭外形及其子级

8.2　速度估算中的假设

多级运载火箭在主动段的飞行情况和单级火箭十分相似，作用在火箭上的力包括发动机推力、重力和气动力。因此，在主动段终点，运载火箭所能达到的速度也是理想速度减去重力和气动力导致的速度损失。

8.2.1　气动阻力分析

在多级运载火箭飞行过程中，气动阻力一般不予考虑，因为多级运载火箭飞行时，只有第一级火箭在稠密大气中飞行，整个主动段因空气阻力导致的速度损失有限，一般情况下不超过 100～250 m/s。随着火箭尺寸的增大，空气阻力所引起的速度损失逐渐减小。空气阻力导致的速度损失可以用下式表示：

$$\frac{dV_2}{dt}=\frac{X}{m}=\frac{0.5\rho V^2 SC_x}{\gamma W} \tag{8-1}$$

其中，S 为火箭的特征面积，γ 为火箭的平均密度，W 为火箭的体积。假定火箭直径不变，火箭的体积 W 表示为

$$W=\frac{\pi}{4}D^2 l=\frac{\pi\lambda}{4}D^3 \tag{8-2}$$

其中，λ 为火箭的长细比。火箭的特征面积 S 表示为

$$S=\frac{\pi}{4}D^2 \tag{8-3}$$

将 W 和 S 代入速度方程(8-1)，考虑到多级运载火箭不同子级的直径可能不同，引入比例因子 k，得到速度公式

$$\frac{dV_2}{dt}=\frac{0.5\rho V^2 kC_x}{\gamma\lambda D} \tag{8-4}$$

假定不同火箭长细比 λ 相差不大，读者可以发现，火箭越大意味着 D 越大，所以气动力导致的速度损失 V_2 就越小。另外，多级火箭除了第一级火箭外，其他各级都在大气层外飞行，不需考虑气动阻力，所以，在总体设计时忽略气动力对火箭的影响是完全可以接受的。

8.2.2 发动机推力分析

当多级火箭起飞时，第一级火箭的比冲即为地面比冲，随着火箭飞行高度的增大，大气越来越稀薄，火箭的比冲也会随之增大；当第一级火箭工作结束时，火箭一般已经进入大气稀薄的高空，近似认为已经是真空，火箭的比冲即被认为是真空比冲，之后各级火箭的比冲当然也是真空比冲。所以建议采用如下处理方式：一般情况，第一级火箭的发动机比冲因受压力的影响，设计时比冲取为地面比冲和真空比冲的平均值：

$$I_{sp1}^{E}=\frac{I_{sp0}^{E}+I_{spv}^{E}}{2} \tag{8-5}$$

其中，I_{sp0}^{E} 为地面有效比冲，I_{spv}^{E} 为真空有效比冲。

而其余各级火箭的比冲则采用真空比冲即可，即

$$\left.\begin{aligned} I_{sp2}^{E}&=I_{spv}^{E}\\ I_{sp3}^{E}&=I_{spv}^{E}\\ &\vdots\\ I_{spn}^{E}&=I_{spv}^{E}\end{aligned}\right\} \tag{8-6}$$

8.2.3 重力加速度分析

显然重力加速度随高度而变化，重力加速度和高度的关系如下式所示：

$$g=\frac{R_0^2}{(R_0+H)^2}g_0 \tag{8-7}$$

通过分析发现，当飞行高度 $H=200$ km 时，重力加速度约为 $0.94g_0$。此时重力加速度的变化量占地面重力加速度的6%左右，所以一般不能忽略。0～500 km 高度的重力加速度随高度的变化曲线如图 8-2 所示，近似为一条直线，设计时重力加速度可以考虑取中位加速即

$g_{0.5H}$。有时也将重力加速度取为地面的重力加速度即 $g=g_0$，这导致估算出来的关机速度偏小，是偏于安全的一种近似。但更精确一些的仿真分析中，不能忽略高度导致的重力加速的变化。

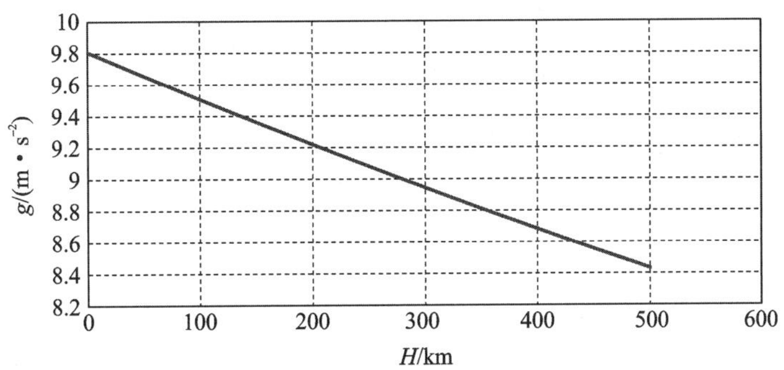

图 8－2　重力加速度随高度的变化曲线

8.2.4　飞行程序近似处理

严格的飞行程序是通过俯仰角 φ 的函数给定的，考虑到运载火箭飞行时，攻角一般很小，而且大部分时间都是以 0°攻角飞行，所以为设计分析方便，和单级火箭设计一样，飞行程序仍然通过弹道倾角 θ 来给定。考虑到运载火箭的飞行程序和具体的发射任务息息相关，为了简化，在总体设计时，将多级火箭的弹道倾角随时间的变化记为线性的，形如

$$\theta(t)=\theta_0-\left(\frac{\theta_0-\theta_k}{t_k}\right)t \tag{8-8}$$

其中，θ_0 为火箭初始弹道倾角，θ_k 为火箭终了弹道倾角，t_k 为多级火箭从起飞到关机所经历的时间。

8.3　关机速度估算

根据前面的分析，多级火箭的关机速度可以近似表示为各级火箭理想速度之和减去重力导致的速度损失，用公式表示为

$$v_k=\sum_{i=1}^{N}v_{\mathrm{id}i}-\Delta v_1 \tag{8-9}$$

根据单级火箭设计的知识，将理想速度和重力导致的速度损失分别代入到多级火箭关机速度式(8－9)中，得到

$$v_k=-\sum_{i=1}^{N}c_i\ln\mu_{ki}-\int_0^{t_k}g\sin\theta(t)\mathrm{d}t \tag{8-10}$$

其中，$c_i=g_0I_{\mathrm{sp}0i}^{\mathrm{E}}$ 为第 i 级火箭的发动机有效排气速度；μ_{ki} 为第 i 级火箭关机时的质量比；θ 为火箭的弹道倾角。

将前面定义的飞行程序公式(8－8)两边取一阶微分，得到

$$\mathrm{d}\theta=-\frac{\theta_0-\theta_k}{t_k}\mathrm{d}t \tag{8-11}$$

改变形式得到

$$\mathrm{d}t = -\frac{t_k}{\theta_0 - \theta_k}\mathrm{d}\theta \tag{8-12}$$

将式(8-12)代入重力导致的速度损失项 Δv_1 中，得到

$$\Delta v_1 = -\frac{g t_k}{\theta_0 - \theta_k}\int_{\theta_0}^{\theta_k}\sin\theta(t)\mathrm{d}\theta = \frac{(\cos\theta_k - \cos\theta_0) g t_k}{\theta_0 - \theta_k} \tag{8-13}$$

由式(4-18)得到各级火箭的飞行时间为

$$t_i = \nu_i I_{\mathrm{sp}0i}^{\mathrm{E}}(1 - \mu_{ki}) \tag{8-14}$$

于是得到多级火箭的总飞行时间 t_k 为

$$t_k = \sum_{i=1}^{N} t_i + t_{\mathrm{free}} = \sum_{i=1}^{n}\nu_i I_{\mathrm{sp}0i}^{\mathrm{E}}(1 - \mu_{ki}) + t_{\mathrm{free}} \tag{8-15}$$

其中，t_{free} 是多级火箭的级间自由飞行时间，如图 8-3 所示。

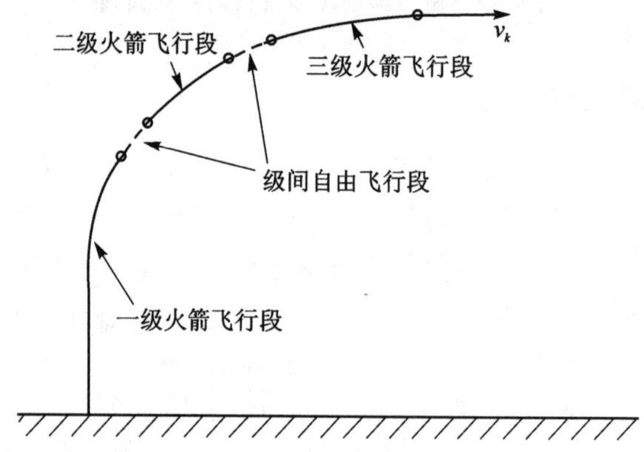

图 8-3 多级运载火箭级间自由飞行时间

将式(8-15)所表示的 t_k 代入表达式(8-13)中，得到

$$\Delta v_1 = \sum_{i=1}^{N}\frac{(\cos\theta_k - \cos\theta_0)}{\theta_0 - \theta_k}\nu_i g_0 I_{\mathrm{sp}0i}^{\mathrm{E}}(1 - \mu_{ki}) + \frac{(\cos\theta_k - \cos\theta_0) g_0 t_{\mathrm{free}}}{\theta_0 - \theta_k} \tag{8-16}$$

令

$$f_i = \left(\frac{\cos\theta_k - \cos\theta_0}{\theta_0 - \theta_k}\right)\nu_i \tag{8-17}$$

$$\Delta v_{\mathrm{free}} = \left(\frac{\cos\theta_k - \cos\theta_0}{\theta_0 - \theta_k}\right) g_0 t_{\mathrm{free}} \tag{8-18}$$

得到最终多级火箭关机速度公式

$$v_k = -\sum_{i=1}^{N} c_i \ln\mu_{ki} - \sum_{i=1}^{N} c_i f_i (1 - \mu_{ki}) - \Delta v_{\mathrm{free}} \tag{8-19}$$

其中 t_{free}——多级火箭级间自由飞行时间；

$c_i = g_0 I_{\mathrm{sp}0i}^{\mathrm{E}}$，为第 i 级火箭的发动机有效排气速度；

$\mu_{ki} = \dfrac{m_{ki}}{m_{0i}}$，为第 i 级火箭关机时的质量比；

ν_i——第 i 级火箭的重推比。

上面的关机速度公式(8-19)可以进一步简单记为

$$v_k = -\sum_{i=1}^{N} c_i \ln \mu_{ki} - \Delta v_{\Sigma} \tag{8-20}$$

在实际设计时，当有许多因素还不能确定时，可以根据表 8-1 的统计经验，采用下面的关机速度的近似公式来估算理想速度和关机速度之间的关系：

$$v_{\mathrm{id}} \approx 1.2 v_k$$

所以

$$v_k \approx \frac{1}{1.2} v_{\mathrm{id}} \approx -0.833 \sum_{i=1}^{N} c_i \ln \mu_{ki} \tag{8-21}$$

其中，c_i 和 μ_{ki} 的含义见式(8-19)。

表 8-1　相对速度损失的统计值

L/km	$\Delta v_{\Sigma}/v_k$
2 000～6 000	0.15～0.25
6 000～14 000	0.18～0.22

8.4　设计参数的推荐范围

为提高单级火箭的性能，设计人员只能选用高性能的推进剂和推进系统，但如果利用多级火箭技术时，就有可能方便地获得推进剂和火箭发动机的设计，来获得高的运载能力。推进剂比冲的建议值如下：对于液体火箭发动机，高性能推进剂的比冲可高达 400 s，在这里推荐如下设计参考值：

$$I_{\mathrm{sp0}}^{\mathrm{E}} = 280 \sim 320 \text{ s}$$

对于固体火箭发动机，高性能的推进剂比冲可达到 300 s，总体设计中推荐采用如下参考值：

$$I_{\mathrm{sp0}}^{\mathrm{E}} = 280 \sim 290 \text{ s}$$

对多级火箭系统，对参数 μ_{ki} 的要求也可以适当放宽，以降低结构设计的难度，推荐如下取值：

$$\mu_{ki} \geqslant 0.2$$

8.5　多级火箭的总体设计

多级火箭总体设计阶段的任务是确定火箭的总体设计方案，包括确定火箭级数、火箭总体结构布局、推进剂的选择、每级火箭的重推比、各级火箭的质量分配以及火箭的总质量等内容。

8.5.1　结构布局和构型分析

运载火箭的布局构型有串联、并联、混联三种形式。多级火箭是在单级火箭的基础上发展起来的。早期很多多级火箭是由已有的单级火箭拼装而成的，例如将一个较大的单级火箭作为第一子级，然后在上面加装一个较小的火箭，构成一个二级火箭。这种组合就是串联式的构型。早期的多级火箭许多型号都是不同子级具有不同的直径，看上去像宝塔，所以以前国内也

将它们称为宝塔式多级火箭，如图 8－4(a)所示。现在的串联式多级运载火箭的构型如图 8－1 所示。

串联构型的火箭的优点是可以利用已有的火箭或成熟的火箭子级，改动量小，可靠性高，开发周期短，级间连接结构相对较简单，整个火箭直径小，飞行的空气阻力也相对较小；缺点是长度较长，刚度较小。此外，当第一级火箭工作时，其他各级火箭的发动机不能工作，只能作为它的载荷而存在，这在一定程度上减小了多级火箭有效载荷的质量。

为了克服串联火箭构型的弱点，并联构型被提了出来，如图 8－4(b)所示。在这种构型中包含芯级和并联助推级，当火箭起飞时，芯级和并联的几个发动机同时工作，开始所有的推进剂都来自并联级的储箱；当并联级中推进剂用完后，并联助推级的储箱被抛掉，但芯级的发动机继续工作，这时推进剂来自芯级的储箱。这种形式的火箭总长较小，火箭的刚度较大。由于所有火箭发动机能同时参与工作，避免了串联方式中后面级火箭的发动机成为“死重”。但采用这种构型方式，火箭的外形尺寸较大，各个子级间的气动干扰情况较严重，飞行过程中气动阻力较大。另外，火箭各子级之间的连接形式比较复杂，保证安全分离也相对困难，需要更大的分离力。

还有一种构型是串并联构型，即捆绑式。这种构型是在串联构型火箭的第一子级上并联 2 个或多个子级构成的火箭，如图 8－4(c)所示。这种构型中，第一级火箭具有并联火箭的某些特征，后面级火箭则以串联火箭方式进行工作。这种构型的火箭中，其第一级火箭中的捆绑子级可大可小，数量可多可少，我们国家研制的这类火箭，捆绑级一般较小，数量一般为 4 个。

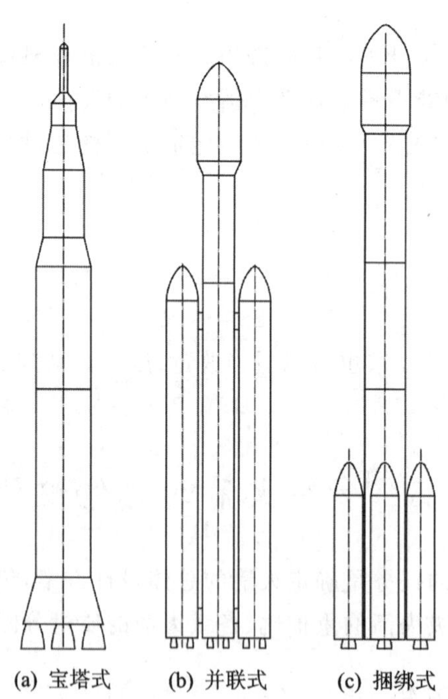

图 8－4　宝塔式、并联式和捆绑式构型的运载火箭

8.5.2　火箭级数的选择

在给定战术技术要求的条件下，可以采用不同级数的火箭方案来满足设计要求。但要想

选出最优的火箭级数，则需要从多方面综合考虑。计算表明，在一定的条件下，也就是载荷质量确定、燃料给定、结构质量系数一定、火箭重推比一定、火箭关机点速度一定时，随着火箭级数的增加，火箭的起飞质量呈下降的趋势，如图 8－5 所示。

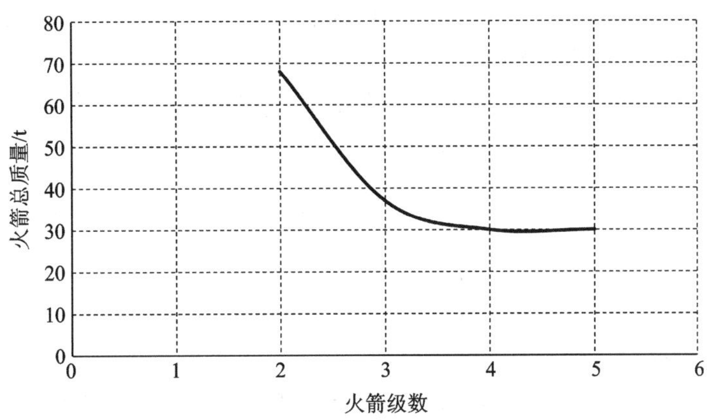

图 8－5　运载火箭总质量与级数之间的对应关系

由图 8－5 可知，随着火箭级数的增多，起飞重量下降的幅度逐渐减弱，因此，过多的火箭级数并不一定有利。因为随着级数的增加，火箭级间的连接分离以及火箭发动机等部分所占的比重也会相应增大，从而部分抵消了由于级数增加所带来的益处。另外从制造、运输、发射准备以及飞行可靠性等因素考虑，过多的级数也会带来额外的负担。在初步设计时，可以利用理论计算的方法大致估算不同级数火箭方案的最佳质量分配以及火箭总质量。图 8－5 表示在 $v_k=8$ km/s，有效载荷为 100 kg，比冲 $I=280$ s 条件下的一个算例。计算表明，最优级数 $N=4\sim5$ 级，采用二级方案，火箭总质量为 68 t；采用三级方案，火箭总质量为 37 t；而采用四级方案，火箭总质量约为 30 t。比较变化趋势发现，随火箭级数的增加，方案所带来的益处明显放缓了。实际设计中需要综合考虑制造、可靠性等因素，做进一步的确定。

总之，火箭级数的选择一般需要考虑以下影响因素，即火箭飞行性能、火箭总质量、火箭构型和尺寸、火箭系统的可靠性、火箭研制周期和成本等，多数情况下推荐级数不大于三级。一般认为，两级液体火箭可以覆盖洲际导弹的射程，但固体火箭则需要三级才能实现。

8.5.3　推进剂的选择

1. 比冲对结构质量的影响

根据设计任务假定使运载火箭达到某一关机速度，理想速度公式为

$$v_{\mathrm{id}}=-g_0 I_{\mathrm{sp0}}^{\mathrm{E}} a_{\mathrm{E}} \ln \mu_k \tag{8-22}$$

由于 g_0 和 a_{E} 为常值，于是可以得到如下公式：

$$I_{\mathrm{sp0}}^{\mathrm{E}} \ln \mu_k=\mathrm{const} \tag{8-23}$$

对式(8－23)两边取微分得到

$$\mathrm{d}I_{\mathrm{sp0}}^{\mathrm{E}} \ln \mu_k+I_{\mathrm{sp0}}^{\mathrm{E}} \frac{1}{\mu_k}\mathrm{d}\mu_k=0 \tag{8-24}$$

将式(8－24)两边同除以 $I_{\mathrm{sp0}}^{\mathrm{E}} \ln \mu_k$ 得到

$$\frac{\mathrm{d}\mu_k}{\mu_k}=-\ln \mu_k \frac{\mathrm{d}I_{\mathrm{sp0}}^{\mathrm{E}}}{I_{\mathrm{sp0}}^{\mathrm{E}}} \tag{8-25}$$

式(8－25)表明，当 I_{sp0}^{E} 增大时，μ_k 将随着增大。又因为

$$m_k = \mu_k m_0 \tag{8-26}$$

如果保持 m_0 不变，当 μ_k 增大时，将允许 m_k 有增大的空间，同时推进剂质量 m_p 减小，这经常意味着结构设计条件更宽松，或允许更多的有效载荷。

2. 比冲对有效载荷质量的影响

对式(8－26)取微分，然后将等式两边分别除以 m_k 和 $\mu_k m_0$，最终得到

$$\frac{dm_k}{m_k} = \frac{d\mu_k}{\mu_k} \tag{8-27}$$

将式(8－25)代入式(8－27)，得到

$$\frac{dm_k}{m_k} = -\ln \mu_k \frac{dI_{sp0}^{E}}{I_{sp0}^{E}} \tag{8-28}$$

所以当 I_{sp0}^{E} 增大时，m_k 也将增大，设计中合理的做法是将有效载荷增大，以增大火箭的运送能力，但条件是火箭的总质量不变，这必然导致推进剂质量减小。下面将给出详细讨论，假定结构质量的增大全部由有效载荷的增加导致，那么式(8－28)可以写成

$$\frac{dm_{pay}}{m_k} = -\ln \mu_k \frac{dI_{sp0}^{E}}{I_{sp0}^{E}}$$

写成增量的形式得到有效载荷质量的变化与推进剂比冲的变化量之间的关系为

$$\Delta m_{pay} \approx -\ln \mu_k \frac{\Delta I_{sp0}^{E}}{I_{sp0}^{E}} \mu_k m_0 \tag{8-29}$$

如果 $\mu_k = 0.15$，则

$$\ln \mu_k = -1.897$$

所以当 I_{sp0}^{E} 增大1%时，有效载荷的增量为

$$\Delta m_{pay} = 1.897\% m_k = 0.285\% m_0 \tag{8-30}$$

例8－1 运载火箭方案为地面比冲 $I_{sp0} = 280$ s，推进剂质量 $m_p = 42.5$ t，火箭总质量 $m_0 = 50$ t。当 I_{sp0} 取310 s时，请估算：运载火箭的有效载荷将增加多少？

解：运载火箭的结构质量为

$$m_k = m_0 - m_p = (50 - 42.5)\text{t} = 7.5\ \text{t}$$

结构质量系数为

$$\mu_k = \frac{7.5}{50} = 0.15$$

当增加推进剂的比冲后，有效载荷的增量为

$$\Delta m_{pay} \approx -\ln \mu_k \frac{\Delta I_{sp0}^{E}}{I_{sp0}^{E}} m_k = -\ln 0.15 \times \frac{310 - 280}{280} \times 7.5\ \text{t} = 1.524\ \text{t}$$

关机时的质量比大约变为

$$\mu_k = \frac{7.5 + 1.524}{50} \approx 0.180$$

比冲变化前

$$I_{sp0}^{E} \ln \mu_k = 280 \times \ln 0.15 = 531.2$$

比冲变化后

$$I_{sp0}^{E}\ln\mu_k=310\times\ln 0.18=531.6$$

两者十分接近，近似认为两种方案关机速度保持一致。

综合以上信息可知，当比冲增大时，有效载荷大约可以增加 1.524 t，同时推进剂质量减少 1.524 t。

3. 比冲对运载火箭总质量的影响

如果保持 m_k 不变，当 μ_k 增大时，将允许 m_0 有减小的空间，对式(8－26)微分得到

$$\frac{dm_0}{m_0}=-\frac{d\mu_k}{\mu_k} \tag{8-31}$$

将式(8－25)代入式(8－31)，得到

$$\frac{dm_0}{m_0}=\ln\mu_k\frac{dI_{sp0}^{E}}{I_{sp0}^{E}} \tag{8-32}$$

所以当 I_{sp0}^{E} 增大时，m_0 也将减小，设计中合理的做法是将推进剂减少，其变化量为

$$\Delta m_p=\ln\mu_k\frac{\Delta I_{sp0}^{E}}{I_{sp0}^{E}}m_0 \tag{8-33}$$

如果 $\mu_k=0.15$，当 I_{sp0}^{E} 增大 1%时，推进剂的变化量为

$$\Delta m_p=-1.897\%m_0 \tag{8-34}$$

所以可以得出如下结论：

① 当比冲增大时，可以得到运载能力更强的火箭；或者在运载能力不变的情况下，可以得到更轻的火箭。

② 假定 $\mu_k=0.15$，当推进剂比冲提高 1%时，若保持火箭总质量不变，则火箭有效载荷将增大 $1.897\%m_k$(或 $0.285\%m_0$)。

③ 假定 $\mu_k=0.15$，当推进剂比冲提高 1%时，若保持火箭结构质量不变，则火箭推进剂将减小 $1.897\%m_0$。

例 8－2　运载火箭方案为地面比冲 $I_{sp0}=280$ s，推进剂质量 $m_p=42.5$ t，火箭总质量 $m_0=50$ t，假定保持关机时的质量比不变，当 I_{sp0} 取 310 s 时请估算：新运载火箭的总质量、结构质量和推进剂质量分别是多少？

解：当前方案运载火箭的结构质量为

$$m_k=m_0-m_p=(50-42.5)\text{t}=7.5\text{ t}$$

当前方案的关机质量比为

$$\mu_k=\frac{50-42.5}{50}=0.15$$

当比冲增大时，运载火箭的总质量变化量为

$$\Delta m_0\approx-1.897m_0\frac{\Delta I_{sp0}^{E}}{I_{sp0}^{E}}=-1.897\times 50\text{ t}\times\frac{310-280}{280}=-10.1625\text{ t}$$

将这个总质量的变化量近似为推进剂的变化量，所以新方案中，推进剂质量为

$$m_p=42.5\text{ t}+\Delta m_0=32.3375\text{ t}$$

新方案中，推进剂质量的变化将导致结构质量的变化，假定它们变化的比例一致，于是得到结构质量的变化量为

$$\Delta m_k=7.5\times\frac{10.1625}{42.5}\text{ t}=1.79\text{ t}$$

新方案运载火箭的结构质量为

$$m_k=(7.5-1.79)\text{t}=5.71\ \text{t}$$

新方案运载火箭的总质量为

$$m_0=m_k+m_p=(32.337\,5+5.71)\text{t}=38.047\,5\ \text{t}$$

新方案的关机质量比为

$$\mu_k=\frac{5.71}{38.047\,5}=0.15$$

符合题目要求。两种方案的数据比较见表 8-2，当推进剂比冲增大时，火箭总质量和推进剂的减少都很显著。

表 8-2　例 8-2 中两种方案数据的对比

I_{sp0}/s	m_0/t	m_p/t	μ_k
280	50	42.5	0.15
310	38.047 5	32.337 5	0.15

虽然推进剂比冲对火箭的性能影响特别大，但选择推进剂时不仅要考虑推进剂的比冲的大小，还要考虑推进剂对火箭结构造成的影响、推进剂使用的方便性、推进剂的成本及供应问题。例如液氢作为一种燃烧剂，无论和液氧还是液氟组合，都可以产生很高的比冲，液氢、液氧组合的真空比冲可到 420 s，而液氢、液氟组合的真空比冲可达到 440 s。但液氢的密度很低，只有水的$\frac{1}{14}$左右，所以必须要求储箱的体积很大，储箱质量和运载火箭相关结构的质量也会随之增大。初步分析表明，液氢储箱的结构质量系数比其他高密度的推进剂的结构质量系数大 10 倍左右。所以在选用高比冲的推进剂时，结构质量需要同时被考虑。此外，液氢、液氧和液氟等低温推进剂在使用上不方便，运输设备也更加复杂，而且采用低温材料还要考虑推进剂蒸发损失的问题。

推进剂的选择还要从推进剂和结构材料两个方面来考虑经济性。如果采用某种能量较低的便宜的推进剂，但由于比冲低，为了满足战术指标，推进剂需要很多，火箭的总重量可能会很大；而采用另外一种能量较高但较贵的推进剂，则推进剂需要量要少一些，火箭的总重量也会小一些。所以究竟选用哪种推进剂方案，需要进行具体细致的分析之后才能最终确定。除此之外，设计人员还需要考虑环境污染等因素。

总结前面的分析可知，选择推进剂时需要考虑多种因素，包括推进剂的比冲、推进剂对箱体材料的影响、推进剂对环境污染的情况、是否需要低温涂层（cryogenic coating）、推进剂与火箭结构的综合成本以及推进剂资源的丰富程度等因素。

8.5.4　多级火箭的质量分析

多级火箭的质量分析原则上与单级火箭没有什么不同，仍然可以按照各个部件分别加以分析，但需要考虑以下几个特点：① 多级火箭中，后面一级火箭是前面一级火箭的有效载荷；② 多级火箭中，虽然在概念上理解为多枚火箭的组合，但控制仪器舱只在最后一级火箭中有；③ 多级火箭的级间有连接分离装置，该装置在质量分析时必须考虑，连接分离装置和哪一个子级相连，其质量就加入到哪一个子级的质量中。另外，在动力飞行段，多级火箭的质量变

化是不连续的。

1. 多级火箭的子级结构质量系数

前面给出了火箭子级的概念，在这里定义火箭的子级结构质量系数，该系数是多级火箭质量分析的重要量。第 i 子级结构质量系数被定义为

$$\varepsilon_i = \frac{m_i - m_{pi}}{m_i} \tag{8-35}$$

其中　m_i——第 i 子级的质量；

m_{pi}——第 i 子级的推进剂(propellant)质量。

于是第 i 子级的结构质量可以记为

$$m'_{ki} = \varepsilon_i m_i \tag{8-36}$$

其中，m'_{ki} 是第 i 子级的结构质量(干重)。

火箭子级结构质量系数 ε_i 随子级质量的变化曲线如图 8-6 所示。在设计运载火箭时，设计人员希望 ε_i 越小越好。从曲线可以看出，随火箭子级质量 m_i 的增大，ε_i 随之减小，但逐渐趋于一个常数。这是因为火箭子级中有些零件的尺寸和质量与火箭的大小关系甚微，是相对固定的，当火箭增大时，这类零件所占的质量比就下降了；另外由于制造工艺的原因，箭体结构厚度受焊接工艺的限制不能随 m_i 的减小而等比例减薄，这也使得火箭较小时，子级的结构质量系数较大。

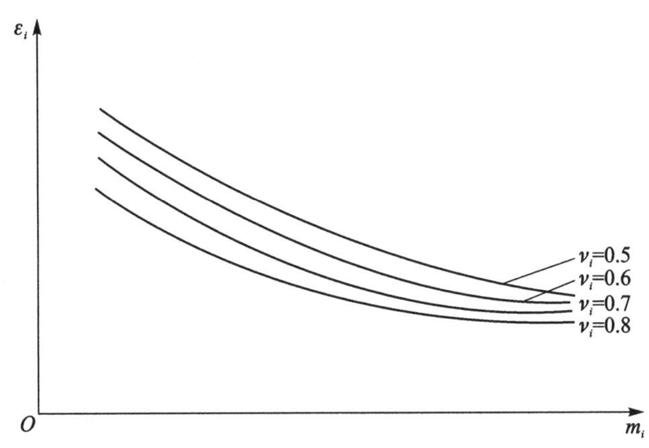

图 8-6　子级结构质量系数与质量的关系曲线

子级的结构质量系数 ε 与火箭的质量比 μ_k 及重推比 ν 有关，μ_k 不同，意味着火箭推进剂质量占火箭总质量的比例不同，推进剂储箱的结构质量也会随之不同，这个关联关系是显然的；但一般来讲，μ_k 对 ε 的影响不是太大，在质量分析时可以暂时不用考虑这一影响。而重推比 ν 对 ε 的影响则较大，随 ν 的减小，火箭发动机的推力增大，发动机的尺寸和结构质量都会增大，ε 也就随着增大了。此外，随 ν 的减小，火箭加速度会增大，箭体结构也需有略微的加强，这也导致火箭总结构质量有所增大。所以当重推比 ν 减小时，火箭子级的质量系数 ε 是增大的。

2. 多级火箭的级间质量比和起飞总质量

定义多级火箭的级间质量比为

$$q_i = \frac{m_{0i}}{m_{0(i+1)}} \tag{8-37}$$

其中，m_{0i}是第 i 级火箭的总质量，对于一枚 n 级火箭，则有如下公式成立：

$$m_{01}=\frac{m_{01}}{m_{02}}\cdot\frac{m_{02}}{m_{03}}\cdot\cdots\cdot\frac{m_{0i}}{m_{0(i+1)}}\cdot\cdots\cdot\frac{m_{0N}}{m_{pay}}\cdot m_{pay} \tag{8-38}$$

将式(8-38)中的各个比值用前面定义的 q_i 代入，得到

$$m_{01}=q_1\cdot q_2\cdot\cdots\cdot q_i\cdot\cdots\cdot q_N\cdot m_{pay}=m_{pay}\prod_{i=1}^{N}q_i \tag{8-39}$$

于是可以进一步定义火箭载荷比为

$$Q=\frac{m_{pay}}{m_{01}}=\prod_{i=1}^{N}\frac{1}{q_i} \tag{8-40}$$

下面来讨论级间质量比的求法。对于多级液体运载火箭，第 i 级火箭的质量可以表示为

$$m_{0i}=m_{0(i+1)}+m_{\mathrm{I}i}+m_{\mathrm{II}i}+m_{\mathrm{III}i}+m_{pi} \tag{8-41}$$

其中　$m_{\mathrm{I}i}$——第 i 级火箭储箱的质量；

$m_{\mathrm{II}i}$——第 i 级火箭推进系统的质量；

$m_{\mathrm{III}i}$——第 i 级火箭制导系统的质量，含摆舵系统、仪器舱段和尾段；

m_{pi}——第 i 级火箭推进剂的质量。

将式(6-9)、式(6-20)、式(6-21)和式(6-4)代入式(8-41)，得到

$$m_{0i}=m_{0(i+1)}+a_{\Sigma i}m_{ABi}+\frac{\gamma_{Fi}}{\nu_{0i}}m_{0i}+\mu_{\Sigma i}m_{0i}+(1+K_{auxi})m_{ABi} \tag{8-42}$$

将推进剂质量 $m_{ABi}=(1-\mu_{ki})m_{0i}$ 代入式(8-42)并整理得到

$$\frac{m_{0i}}{m_{0(i+1)}}=\frac{1}{1-\left[\dfrac{\gamma_{Fi}}{\nu_{0i}}+\mu_{\Sigma i}+(1+a_{\Sigma i}+K_{auxi})(1-\mu_{ki})\right]} \tag{8-43}$$

比较式(8-37)与式(8-43)得到

$$q_i=\frac{1}{1-\left[\dfrac{\gamma_{Fi}}{\nu_{0i}}+\mu_{\Sigma i}+(1+a_{\Sigma i}+K_{auxi})(1-\mu_{ki})\right]} \tag{8-44}$$

其中，γ_{Fi} 由式(6-19)计算，$\mu_{\Sigma i}$ 由式(6-24)计算，$a_{\Sigma i}$ 由式(6-14)和式(6-15)计算，K_{auxi} 由式(6-5)计算。式(8-44)给出了两个主要设计参数 ν_{0i} 和 μ_{ki} 与级间质量比 q_i 之间的关系，当设计参数 ν_{0i} 和 μ_{ki} 确定后，q_i 就确定了。

对于多级固体运载火箭，第 i 级火箭的质量可以表示为

$$m_{0i}=m_{0(i+1)}+m_{casei}+m_{nozi}+m_{\mathrm{III}i}+m_{pi} \tag{8-45}$$

其中，m_{0i} 是第 i 级火箭的质量，$m_{0(i+1)}$ 是第 $i+1$ 级火箭的质量，m_{casei} 是第 i 级火箭发动机的结构质量，m_{nozi} 是第 i 级火箭发动机尾喷管的结构质量，$m_{\mathrm{III}i}$ 是第 i 级火箭级间段、尾段的结构质量和控制系统的质量之和，m_{pi} 是第 i 级火箭推进剂的质量。

将比冲的定义式(4-14)代入式(6-54)得到

$$m_{nozi}=\beta_{nozi}\frac{P_{0i}}{g_0}=\beta_{nozi}I_{sp0i}q_{m0i} \tag{8-46}$$

近似认为

$$q_{m0}=\frac{W_i}{t_{ki}} \tag{8-47}$$

其中，q_{m0i} 为推进剂地面平均秒消耗量，W_i 为第 i 级火箭真正用于推进的推进剂质量，t_{ki} 为第 i 级火箭的飞行时间。将式(8-47)代入式(8-46)得到

$$m_{\mathrm{noz}i}=\beta_{\mathrm{noz}i}\frac{P_{0i}}{g_0}=\beta_{\mathrm{noz}i}\frac{I_{\mathrm{sp}0i}}{t_{ki}}W_i \tag{8-48}$$

推进剂总量为

$$m_{\mathrm{p}i}=W_i+\Delta W_i=k_{W_i}W_i \tag{8-49}$$

其中，W_i 是实际用于推进的推进剂质量，ΔW_i 是发动机工作起始的推进剂损耗，对于固体火箭发动机，ΔW_i 很小，所以 k_{W_i} 略大于 1。

将式(6-51)、式(6-53)、式(8-48)和式(8-49)代入式(8-45)得到

$$m_{0i}=m_{0(i+1)}+\alpha_{\mathrm{case}i}W_i+\beta_{\mathrm{noz}i}\frac{I_{\mathrm{sp}0i}}{t_{ki}}W_i+\mu_{\Sigma i}m_{0i}+k_{W_i}W_i \tag{8-50}$$

将推进剂的质量 $W_i=(1-\mu_{ki})m_{0i}$ 代入式(8-50)得到

$$q_i=\frac{m_{0i}}{m_{0(i+1)}}=\frac{1}{1-\left[\mu_{\Sigma i}+\left(\alpha_{\mathrm{case}i}+\beta_{\mathrm{noz}i}\frac{I_{\mathrm{sp}0i}}{t_{ki}}+k_{W_i}\right)(1-\mu_{ki})\right]} \tag{8-51}$$

这是固体火箭两个主要设计参数 $I_{\mathrm{sp}0i}$ 和 μ_{ki} 与级间质量比 q_i 之间的关系式。

3. q_i、ε_i 和 μ_{ki} 之间的关系

下面讨论 q_i、ε_i 和 μ_{ki} 之间的关系，根据前面已学习的知识，第 i 级火箭关机时的质量比 μ_{ki} 可以表示为

$$\mu_{ki}=\frac{m_{0(i+1)}+m'_{\mathrm{k}i}}{m_{0i}} \tag{8-52}$$

其中，第 i 级火箭的干重 $m'_{\mathrm{k}i}$ 可以写成子级质量系数和子级总质量之积，即

$$m'_{\mathrm{k}i}=\varepsilon_i m_i \tag{8-53}$$

所以，第 i 级火箭关机时的质量比 μ_{ki} 可以进一步表示为

$$\mu_{ki}=\frac{m_{0(i+1)}+\varepsilon_i m_i}{m_{0i}} \tag{8-54}$$

显然第 i 子级的质量就是第 i 级火箭和第 $i+1$ 级火箭质量之差，即

$$m_i=m_{0i}-m_{0(i+1)} \tag{8-55}$$

将式(8-55)代入式(8-54)得到

$$\mu_{ki}=\frac{m_{0(i+1)}+\varepsilon_i[m_{0i}-m_{0(i+1)}]}{m_{0i}} \tag{8-56}$$

进一步化简可以得到

$$\mu_{ki}=\frac{m_{0(i+1)}}{m_{0i}}+\varepsilon_i\left[1-\frac{m_{0(i+1)}}{m_{0i}}\right] \tag{8-57}$$

将式(8-37)代入式(8-57)得到

$$\mu_{ki}=\frac{1}{q_i}+\varepsilon_i\left(1-\frac{1}{q_i}\right) \tag{8-58}$$

改变一下形式得到

$$\varepsilon_i = \frac{\mu_{ki} - \frac{1}{q_i}}{1 - \frac{1}{q_i}} \tag{8-59}$$

上式也可以写成如下这种形式：

$$q_i = \frac{1 - \varepsilon_i}{\mu_{ki} - \varepsilon_i} \tag{8-60}$$

μ_{ki}、ε_i 和 q_i 这些系数的引入，为多级火箭的质量分析无量纲化创造了条件。当知道这三个参数中的任意两个时，读者可以通过式(8-58)～式(8-60)求得第三个参数，表8-3中给出两组实际值来增加读者对这些参数取值的感性认识。

表8-3　μ_{ki}、ε_i 和 q_i 等系数取值举例

μ_{ki}	q_i	ε_i
0.3	5	0.125
0.3	4	0.066 7

通过前面的分析可知，设计过程中一旦知道各级火箭的相关参数，读者就可以通过式(8-44)或式(8-51)或式(8-60)得到各级间质量比 q_i，然后，就可以通过式(8-39)得到多级火箭的总质量。

8.5.5　多级火箭质量分配的近似方法

多级运载火箭是由两个及两个以上单级火箭组成的，在设计多级火箭时，会遇到各级火箭参数选择的问题。例如设计一个二级火箭来满足一定的设计要求，是将一级火箭取得很大，第二级火箭取得很小，还是将两级火箭的大小取得相差不大？显然这有很多种方案，所以最优方案的选择是设计过程中需要首先解决的问题。

方案选择的准则可以是多种多样的，但是，使得所设计的运载火箭起飞质量最小是一个常用且重要的准则，起飞质量小也意味着火箭的成本较低。为了使最终设计出来的多级运载火箭遵循这个准则，各级火箭质量就必然需要满足一定的规律，而不可以任意选取。为了得到最有利的火箭质量分配方法，下面将研究起飞质量最小时火箭质量的分配规律。研究复杂问题的一般方法是忽略次要因素，抓住主要因素，这个问题也不例外。下面将介绍一种粗略的近似方法。多级运载火箭的理想速度表示为

$$v_{\mathrm{id}} = -\sum_{i=1}^{N} g_0 I_{\mathrm{sp0}}^{\mathrm{E}} a_{\mathrm{E},i} \ln \mu_{ki} \tag{8-61}$$

为了在设计初期粗略估计各级火箭的质量，可以按平均分配的原则，给每级火箭分配期望达到的理想速度。当运载火箭最终需要达到的速度知道后，就可根据式(8-21)折算成理想速度，然后将总的理想速度平均分配到各级火箭，记为

$$v_{\mathrm{id}i} = \frac{v_{\mathrm{id}}}{N} \tag{8-62}$$

因为

$$v_{\mathrm{id}i} = -g_0 I_{\mathrm{sp0}}^{\mathrm{E}} a_{\mathrm{E},i} \ln \mu_{ki} \tag{8-63}$$

令

$$c_i = g_0 I_{\text{sp0}}^{\text{E}} a_{\text{E},i} \tag{8-64}$$

得到

$$v_{\text{id}i} = -c_i \ln \mu_{ki} \tag{8-65}$$

最终得到

$$\ln \mu_{ki} = -\frac{v_{\text{id}i}}{c_i} \tag{8-66}$$

将式(8-62)代入式(8-66),得到

$$\ln \mu_{ki} = -\frac{v_{\text{id}}}{Nc_i} \tag{8-67}$$

将式(8-67)改写成如下形式:

$$\mu_{ki} = \mathrm{e}^{-\frac{v_{\text{id}}}{Nc_i}} \tag{8-68}$$

当知道火箭的理想速度、级数以及推进剂比冲 $I_{\text{sp0}}^{\text{E}}$ 后,就可以根据式(8-68)求出各级火箭的关机质量比,如果根据经验确定了 ε_i 后,就可以根据式(8-60)求出各级火箭的级间质量比 q_i;然后根据有效载荷的质量和级间质量比的定义式(8-37)就可以确定各级火箭质量,最后求出运载火箭的总质量 m_{01}。

例 8-3　待发射卫星质量是 $m_{\text{pay}}=350$ kg,入轨道速度(理想速度)$V_{\text{id}}=9\ 850$ m/s,试确定火箭级数和各级火箭的质量。

解: 参考现有设计案例进行级数选择,取火箭级数 $N=3$;

各级火箭的推进剂比冲和子级质量系数分别取:

$$c_1 = 2\ 500\ \text{m/s},\quad \varepsilon_1 = 0.055$$

$$c_2 = 2\ 750\ \text{m/s},\quad \varepsilon_2 = 0.085$$

$$c_3 = 2\ 790\ \text{m/s},\quad \varepsilon_3 = 0.143$$

其中

$$c_i = g_0 I_{\text{sp0}i}^{\text{E}}$$

为每一级火箭分配相同的目标速度,即

$$v_{\text{id}i} = \frac{9\ 850}{3}\ \text{m/s} \approx 3\ 283\ \text{m/s}$$

将 $v_{\text{id}i}$ 代入式(8-68)计算各级火箭关机时的质量比

$$\mu_{ki} = \mathrm{e}^{-\frac{v_{\text{id}i}}{c_i}}$$

于是求得各级关机时质量比和级间质量比

$$\mu_{k1} = 0.269$$

$$\mu_{k2} = 0.303$$

$$\mu_{k3} = 0.308$$

由

$$q_i = \frac{1-\varepsilon_i}{\mu_{ki}-\varepsilon_i}$$

于是求得多级火箭级间质量比为

$$q_1 = 4.41$$

$$q_2 = 4.19$$

$$q_3 = 5.19$$

下面来计算各级火箭的质量：

三级火箭质量 $m_{03} = q_3 \cdot m_{pay} = 1\ 816.5$ kg；

二级火箭质量 $m_{02} = q_2 \cdot m_{03} = 7\ 611.1$ kg；

一级火箭质量 $m_{01} = q_1 \cdot m_{02} = 33\ 565.10$ kg≈ 33.6 t。

设计估算完毕。

讨论：

根据前面的设计，计算运载火箭的载荷比：

$$Q = \frac{m_{pay}}{m_{01}} = \prod_{i=1}^{N} \frac{1}{q_i} \approx \frac{1}{96}$$

结果表明，对于这种设计，当有效载荷增加 1 kg 时，火箭的总起飞质量将约增加 100 kg。

8.5.6 多级火箭质量分配的最优化方法

在前面的质量分配方法中，子级结构质量系数 ε_i 是凭经验给定的，但实际上 ε_i 与子级的质量有关，考虑这种因素时，需要采用迭代或优化的方法来分配火箭的质量。下面将讨论如何采用优化的方法实现多级火箭最优质量的分配。分析该问题易知：

- 待优化的变量是各火箭子级的质量 m_i；
- 优化目标是使火箭总质量(一级火箭的全重)m_{01} 达到最小值；
- 优化的约束条件是关机速度 v_k 达到给定的某个值；
- 各级火箭所能达到的理想速度相等。

根据前面的分析，将目标函数定义为

$$m_{01} = f(m_1, m_2, \cdots, m_N) = \sum_{i=1}^{N} m_i + m_{pay}$$

约束条件用数学公式表示如下：

$$v_k = -\sum_{i=1}^{N} c_i \ln \mu_i - \sum_{i=1}^{N} c_i f_i (1 - \mu_i) - \Delta v_{free}$$

$$c_i \ln \mu_i = c_{i+1} \ln \mu_{i+1}$$

$$\mu_{low} < \mu_i < \mu_{up}$$

约束函数中的各量如下：

$$\mu_i = \frac{m_{0(i+1)} + \varepsilon_i m_i}{m_{0i}} = \frac{\sum_{j=i+1}^{N} m_j + m_{pay} + \varepsilon_i m_i}{\sum_{j=i}^{N} m_j + m_{pay}}$$

$$f_i = \left(\frac{\cos \theta_k - \cos \theta_0}{\theta_0 - \theta_k} \right) \nu_i$$

其中，ν_i 为重推比，由经验给定。

$$\Delta v_{free} = \left(\frac{\cos \theta_k - \cos \theta_0}{\theta_0 - \theta_k} \right) g_0 t_{free}$$

$$\varepsilon_i = f(m_i)$$

固体火箭发动机 $\varepsilon_i=0.15+0.16e^{-0.003m_i}$；

液体火箭发动机 $\varepsilon_i=0.1+0.15e^{-0.0002m_i}$。

例 8-4 用运载火箭发射某小型卫星，假定卫星质量为 50 kg，试设计一枚运载火箭并通过优化的方法确定各级火箭的质量、推力及火箭的总质量。

解：设计过程如下。

① 设计任务：

- 卫星的质量 $m_{pay}=50$ kg；
- 关机速度 $v_k=7\ 680$ m/s；
- 采用传统推进剂，最后一级采用固体火箭。

② 级数选择：

由于采用传统推进剂，I_{sp0}^{E} 不会太高，所以选择级数为 $N=3$，第一、二级火箭为液体火箭，第三级采用固体火箭。

③ 推进剂/比冲选择：

$C_1=2\ 600$ m/s(≈265 s)；

$C_2=2\ 600$ m/s(≈265 s)；

$C_3=2\ 400$ m/s(≈245 s)。

④ 根据②中确定的方案，第一、二级仍然采用传统的液体火箭，各级火箭的子级结构质量系数 ε_i 的经验公式为

$$\varepsilon_{1,2}=0.1+0.15e^{-0.0002m_{1,2}}$$

第三级为固体火箭，子级结构质量系数 ε_i 的经验公式为

$$\varepsilon_3=0.15+0.16e^{-0.003m_3}$$

⑤ 其他量的确定：

根据发射任务确定发射初始弹道倾角 θ_0 和关机时刻的弹道倾角 θ_k 如下：

$$\theta_0=90°,\quad \theta_k=0°$$

根据经验选各级重推比 $\nu_1=0.60$，$\nu_2=0.47$，$\nu_3=0.24$。

$$f_i=\left(\frac{\cos\theta_k-\cos\theta_0}{\theta_0-\theta_k}\right)\nu_i=0.636\ 94\nu_i$$

$$f_1=0.382,\quad f_2=0.299,\quad f_3=0.153$$

⑥ 优化求解：

1）设定初始值 $m_1=4\ 440$ kg，$m_2=1\ 134$ kg，$m_3=400$ kg。

2）选择优化方法并求解，本例采用 MATLAB 的 fmincon( )函数，优化代码如下：

```
function m0min()
% this function is used for muti - stage rocket design,
% by Guo Zuhua,2011
% given (1)weight thrust ratio
%    (2) slope angle of trajectory in launching point and cutting off point
%    (3) ground effective impulse or Ci
% to get min m01;
```

```
clear
clc
payload = 50; % kg;
%gravity
g0 = 9.865;
% ballistic angle in launch point and cut - off point
theta_0 = pi/2;
theta_k = 0;
k1 = (cos(theta_k) - cos(theta_0))/(theta_0 - theta_k);
% weight thrust ratio
v1 = 0.6;v2 = 0.47;v3 = 0.24;
f1 = k1 * v1;
f2 = k1 * v2;
f3 = k1 * v3;
c1 = 2600;
c2 = 2600;
c3 = 2400;
% sliding time
tff = 0.01;
vff = k1 * g0 * tff;

% optimation
options = optimset('Display','iter','Algorithm','active - set','MaxFunEvals',2000);
[x,fval] = fmincon(@objfun,[4440 1134 400],[],[],[],[],[],[],@confun,options);
% test constraints
[c,ceq] = confun(x);

%calculate mass ratio
e1 = 0.1 + 0.15 * exp( - 0.0002 * x(1));
e2 = 0.1 + 0.15 * exp( - 0.0002 * x(2));
e3 = 0.15 + 0.16 * exp( - 0.003 * x(3));
u1 = (payload + e1 * x(1) + x(2) + x(3))/(x(1) + x(2) + x(3) + payload);
u2 = (payload + e2 * x(2) + x(3))/(x(2) + x(3) + payload);
u3 = (payload + e3 * x(3))/(x(3) + payload);

% print result
fprintf(' u1 = %12.2f\n u2 = %12.2f\n u3 = %12.2f\n',u1,u2,u3);
fprintf(' m1 = %12.2fkg\n m2 = %12.2fkg\n m3 = %12.2fkg\n',x(1),x(2),x(3));
m03 = x(3) + payload;
m02 = x(2) + m03;
m01 = x(1) + m02;
fprintf(' m01 = %12.2fkg\n m02 = %12.2fkg\n m03 = %12.2fkg\n',m01,m02,m03);
fprintf(' F01 = %12.2fkN\n F02 = %12.2fkN\n F03 = %12.2fkN\n',m01 * g0/v1/1000,m02 * g0/v2/
1000,m03 * g0/v3/1000);
```

```
% object function
    function m0 = objfun(x)
        m0 = x(1) + x(2) + x(3) + 50;
end

% constraint function
    function [c,ceq] = confun(x)
        e1 = 0.1 + 0.15 * exp( - 0.0002 * x(1));
        e2 = 0.1 + 0.15 * exp( - 0.0002 * x(2));
        e3 = 0.15 + 0.16 * exp( - 0.003 * x(3));
        u1 = (payload + e1 * x(1) + x(2) + x(3))/(x(1) + x(2) + x(3) + payload);
        u2 = (payload + e2 * x(2) + x(3))/(x(2) + x(3) + payload);
        u3 = (payload + e3 * x(3))/(x(3) + payload);
        c = [0.1 - u1;
            0.1 - u2;
            0.1 - u3;
            u1 - 0.98;
            u2 - 0.98;
            u3 - 0.98];
        ceq = [ - c1 * log(u1) - c2 * log(u2) - c3 * log(u3) - c1 * f1 * (1 - u1) - c2 * f2 * (1 - u2) -
c3 * f3 * (1 - u3) - vff - 7680;
            c1 * log(u1) - c2 * log(u2);
            c2 * log(u2) - c3 * log(u3)];
    end
end
```

3）最终求解结果：

- 第三子级质量 m_3=423.66 kg；
- 第二子级质量 m_2=2 700.16 kg；
- 第一子级质量 m_1=11 356.54 kg。

4）求解其他相关结果：

- 第三级火箭总质量 m_{03}=473.66 kg，推力 F_{E03}=19.47 kN；
- 第二级火箭总质量 m_{02}=3 173.82 kg，推力 F_{E02}=66.62 kN；
- 第一级火箭总质量 m_{01}=14 530.36 kg，推力 F_{E01}=238.90 kN。
- 第三级火箭关机质量比 μ_{k3}=0.28；
- 第二级火箭关机质量比 μ_{k2}=0.31；
- 第一级火箭关机质量比 μ_{k1}=0.31。

设计结束。

8.5.7　用现有的单级导弹组装成多级运载火箭

1. 为什么要这样做

利用已有的单级弹道导弹组成多级运载火箭，以满足给定的设计要求，从各方面来看都是有益的。① 由于单级火箭已经存在，所以可以大大减小设计制造的工作量，缩短研制周期；

② 可以有效利用现有闲置的临近过时的军用单级或多级弹道导弹，物尽其用；③ 原来的系统经历过实践的检验，可靠性更容易保证；④ 可以利用原来火箭的某些地面设备等。当然，使用现有的单级火箭拼成的多级火箭一般难以达到最优的质量分配方案，但设计人员可以通过调整推进剂的加装量来尽可能优化质量分配，考虑到前面的诸多优点，采用已有单级弹道导弹组装成多级运载火箭，仍然能带给用户一套高可靠性和低成本的多级火箭系统。

2. 设计方法

① 根据发射任务的速度要求与现有单级弹道导弹所能达到的关机速度，确定拟采用的单级弹道导弹的类型和将开发的多级运载火箭的级数：

$$V_1+V_2+\cdots+V_i+\cdots+V_N\geqslant V_K$$

② 根据各单级弹道导弹的具体结构确定各个子级的结构质量系数 ε_i：

$$\varepsilon_i=\frac{m'_{\mathrm{k}i}}{m_i}=\frac{m'_{\mathrm{k}i}}{m'_{\mathrm{k}i}+m_{\mathrm{p}i}}$$

如果原弹道导弹是液体推进剂，则可以通过调整推进剂的量来调整子级的结构质量系数。

③ 根据各子级的结构质量系数 ε_i 求火箭各级的质量比：

$$\mu_{ki}=\frac{m_{0(i+1)}+\varepsilon_i m_i}{m_{0i}}=\frac{\sum\limits_{j=i+1}^{N}m_j+m_{\mathrm{pay}}+\varepsilon_i m_i}{\sum\limits_{j=i}^{N}m_j+m_{\mathrm{pay}}}$$

④ 求解各级火箭级间质量比与各级火箭质量：

$$q_i=\frac{1-\varepsilon_i}{\mu_{ki}-\varepsilon_i}$$

$$m_{0N}=q_N K m_{\mathrm{pay}}$$

$$m_{0i}=q_i m_{0(i+1)}$$

⑤ 根据原火箭及推进剂加注量确定重推比 ν_i。

⑥ 仿真验证。

习　　题

1. 采用多级火箭的优点是什么？

2. 什么是火箭的子级？什么是子级的结构质量系数？

3. 根据式(8-19)编写实现多级火箭关机速度估算的程序。

4. 多级火箭总体设计的基本过程是什么？

5. 待发射有效载荷为 500 kg，入轨速度为 8 500 m/s，假定轨道为圆轨道，试确定运载火箭的方案，确定各级火箭的关机质量比、重推比、子级结构质量系数，并估算各级火箭的质量和推力。最后通过关机速度估算公式进行关机速度估算。

第 9 章　运载火箭外形尺寸计算

一般运载火箭采用多级结构，可以是串联结构形式、并联结构形式或混联结构形式。而弹道导弹根据射程可以采用单级或多级串联结构形式，具体的相关内容已在第 8 章多级运载火箭的设计中详细介绍。当已经确定了火箭的合理结构形式、部位安排和选好了能满足战术技术要求的主要设计参数 I_{sp0}、μ_k、ν_0 和起飞质量 m_0 后，可以通过这些参数求出其他一些重要参数，比如地面推力 P_0、真空推力 P_v、火箭结构质量 m_k 和推进剂质量 m_p 等，然后设计人员就可进一步确定火箭的外形几何尺寸，并进一步绘制火箭的总体图。在本章中将讨论如何确定运载火箭的关键外形尺寸。

9.1　确定运载火箭外形尺寸时应考虑的问题

运载火箭的外形尺寸不仅与火箭的设计参数有关系，同时也与使用、生产制造和运输方式相关。在确定火箭外形尺寸时应该考虑如下几个问题：

① 选择火箭直径时应使火箭结构质量 m_k 尽可能小，因为直径 D 对火箭的结构质量 m_k 是有影响的；

② 定出的外形尺寸，应尽可能方便运输、使用和生产，也就是说火箭要有合适的长细比 λ 和便于加工制造的形状；

③ 在可能的条件下，应使火箭箭体结构的气动外形尽可能好，从而减小空气阻力；同时，又使箭体的抗热能力尽量强，以便能承受温度载荷，保证火箭头部在飞行过程中保持完好。

④ 对于弹道导弹，应保证弹头再入大气层时具有良好的稳定性，以提高落点精度；在主动段飞行时应尽量减小箭体的静不稳定度，以减轻控制操纵机构的负担；通过外形设计，使箭体的气动压力中心和重心相对位置更加合理。

在确定运载火箭外形尺寸时，以上因素可能相互矛盾，此时应抓住主要矛盾。以上问题中，箭体的直径是一个重要影响因素，接下来将详细讨论箭体直径的确定。

9.2　火箭直径的选择方法

9.2.1　根据统计资料和火箭长细比确定火箭直径

根据以往的经验直径和经验长细比来综合确定运载火箭的直径是一种常用方法，运载火箭一般采用圆柱形外形，如图 9－1 所示。火箭的长细比定义为

$$\lambda = \frac{l_p}{D} \tag{9-1}$$

其中，l_p 为运载火箭的全长，D 为运载火箭的直径。

表 9－1 给出了某些型号的运载火箭或弹道导弹的长细比统计数据，由表中数据可知，现

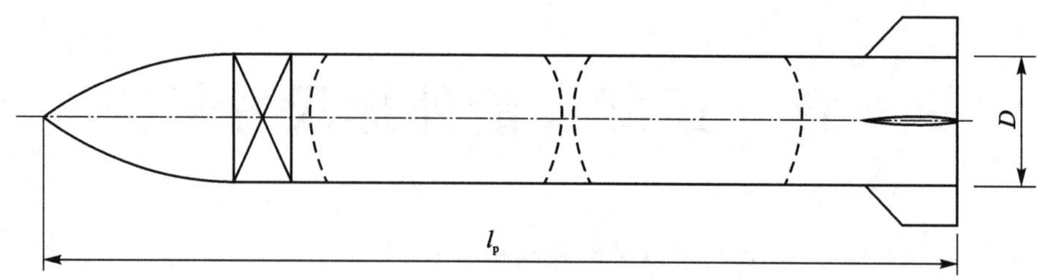

图9 1 火箭的外形及尺寸示意图

在的火箭长细比一般在7.5～19之间，范围比较宽。当用作弹道导弹时，推荐长细比为7.5～12；对于运载火箭，由于可以采用捆绑或并联等技术，长细比可以取更大的值。参考文献[2]中给出的长细比建议是，单级液体火箭建议取8.5～11，二级火箭建议取10～14，三级及以上火箭则可以适当取更大的值。表9-2中给出了弹道导弹的射程与对应的推荐直径。另外，我国运载火箭常用的直径是2.25 m、3.35 m、5 m等，也可以作为设计中的参考。

表9-1 现代火箭的长细比统计数据

型号名称	l_p/m	D/m	λ	L/km
V-2	12.00	1.65	8.50	300
红石	20.00	1.83	12.00	320～480
雷神	19.50	2.54	7.68	2 400
丘比特	18.00	2.40	7.50	2 400
CZ-1	29.46	2.25	13.09	—
CZ-2	32.60	3.35	9.73	—
CZ-2C	43.00	3.35	12.84	—
CZ-2E	49.70	3.35	14.84	—
CZ-3	44.56	3.35	13.30	—
CZ-5	56.97	5.00	11.39	—
猎鹰9	70.00	3.70	18.92	—

表9-2 弹道导弹的射程与推荐直径

射程/km	1 000	2 000	2 500～3 000
直径/m	1.2～1.6	2.0～2.4	2.5

9.2.2 根据火箭燃料舱长细比确定火箭直径

对于使用液体推进剂的运载火箭来说，燃料舱的体积占箭体的大部分，受力式推进剂箱结构如图9-2所示，它的直径就是火箭直径，所以燃料箱直径确定了，箭体直径就确定了。推进剂箱包括氧化剂箱、燃烧剂箱、箱体夹间以及前后推进剂箱裙等。悬挂式结构如图9-3所示，是一种老式结构，现在一般不采用了。

考虑受力式箱体结构的情况，定义推进剂箱的长细比

$$\lambda_r = \frac{l_r}{d_r} \tag{9-2}$$

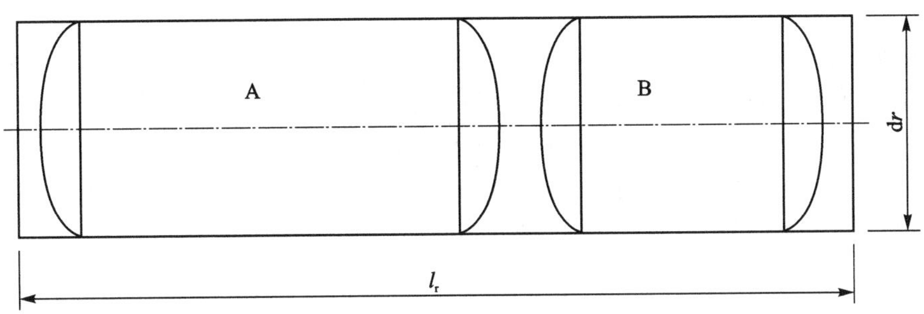

图 9-2　受力式箱体结构

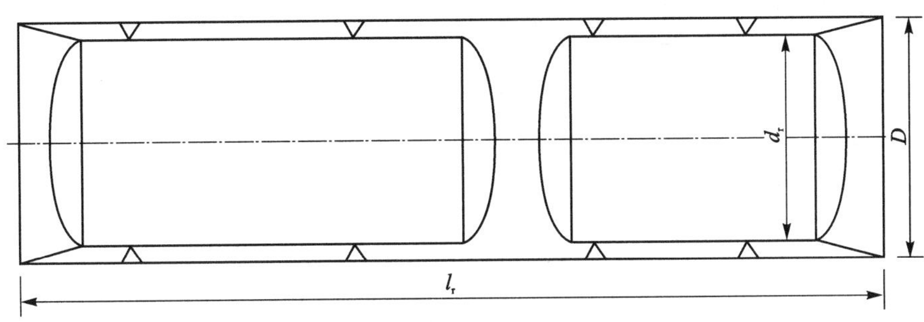

图 9-3　悬挂式箱体结构

其中，l_r 为推进剂箱长度，d_r 为推进剂箱不计壁厚时的直径。

推进剂体积

$$V_{AB}=\frac{m_{AB}}{\rho_{AB}} \tag{9-3}$$

其中，m_{AB} 是推进剂的总质量，ρ_{AB} 是推进剂组元的密度。常用液体推进剂组元的密度如表 9-3 所列。

推进剂箱体体积与推进剂体积的关系为

$$V_T=K_TV_{AB} \tag{9-4}$$

舱段的体积与推进剂箱体积的关系为

$$V_r=\zeta V_T \tag{9-5}$$

舱段体积用几何尺寸表示为

$$V_r=\frac{\pi d_r^2}{4}l_r=\frac{\pi d_r^3}{4}\left(\frac{l_r}{d_r}\right)=\frac{\pi d_r^3}{4}\lambda_r \tag{9-6}$$

于是得到舱段的直径为

$$d_r=\sqrt[3]{\frac{4\zeta K_Tm_{AB}}{\pi\lambda_r\rho_{AB}}} \tag{9-7}$$

在设计时可以将各个参数按以下经验值取值：

$$\left.\begin{aligned}K_T&=1.04\\ \zeta&=1.05\\ \lambda_r&=5\sim 7\end{aligned}\right\} \tag{9-8}$$

考虑到储箱的壁厚，实际舱段的直径为

$$D = d_r + 2\delta$$

其中，δ 是储箱壁厚，对于高压储箱，$\delta \approx 5 \sim 10$ mm；对于低压储箱，$\delta \approx 3 \sim 4$ mm。该经验值仅供初步设计时参考，具体设计时储箱壁厚可以根据结构做详细的分析计算后确定。

对液体运载火箭的推进剂箱，一般通过充压来增加结构的稳定性。推进剂箱内部充压时需要考虑两个方面的因素：其一是推进剂箱的内部压力必须与燃料泵进口处的压力相匹配；其二是平衡箭体的纵向压力，防止纵向失稳。纵向稳定性可以按照下面的条件初步验算：

$$T = p\,\frac{\pi D^2}{4} \geqslant N_x \tag{9-9}$$

其中，T 是箱体壁所受的拉力，p 是在储箱中的增压压力，N_x 是箭体的轴向最大载荷。

根据储箱侧壁的强度条件

$$\sigma = \frac{T}{\pi D\delta} \leqslant [\sigma] \tag{9-10}$$

于是有

$$D\delta \geqslant \frac{T}{\pi\,[\sigma]} \tag{9-11}$$

引入安全系数后得到

$$D\delta = \frac{T}{\pi k\,[\sigma]} \tag{9-12}$$

其中，k 为安全系数，且 $k<1$。由该式可知，当 T 给定和材料 $[\sigma]$ 选定后，储箱壁的截面积就是一个定值了(只考虑储箱侧边)，所以储箱结构质量不受 $D\delta$ 的影响，只受长度 L_{AB} 的影响，余下的工作就是合理选择 D 和 δ，使推进剂舱段总质量最轻，即

$$\min\left[\pi D\delta(L_{AB} - 4h) + 4S\delta\right] \tag{9-13}$$

其中，S 为储箱端部半椭球面的面积，h 为半椭球的高度。

显然推进剂的质量是由运载火箭的飞行性能所决定的，所以推进剂的体积必然是某个定值，于是有以下约束条件：

$$\frac{\pi(D - 2\delta)^2}{4} L_{AB} = \text{const}$$

$$D\delta = \frac{T}{\pi k\,[\sigma]}$$

下面来讨论式(9-13)中半椭球的表面积 S 的求解，回转椭球的轴截面为一个椭圆，该椭圆的半长轴为 $a = \dfrac{D}{2}$，短半轴为 h，用积分可以求出半椭球的表面积。椭球面轴截面椭圆的方程为

$$\frac{x^2}{a^2} + \frac{y^2}{h^2} = 1 \tag{9-14}$$

对方程两边取微分得到

$$\mathrm{d}y = -\frac{h^2 x}{a^2 y}\mathrm{d}x \tag{9-15}$$

沿椭圆的微弧长度为

$$\mathrm{d}s = \sqrt{\mathrm{d}x^2 + \mathrm{d}y^2} = \sqrt{1 + \frac{h^2 x^2}{a^2(a^2 - x^2)}}\,\mathrm{d}x \tag{9-16}$$

沿轴线旋转一周，该微弧对应的微面积为

$$dS = 2\pi x\,ds = 2\pi x\sqrt{1+\frac{h^2x^2}{a^2(a^2-x^2)}}\,dx \tag{9-17}$$

回转椭球半球表面积为

$$S = \int_0^a 2\pi x\sqrt{1+\frac{h^2x^2}{a^2(a^2-x^2)}}\,dx \tag{9-18}$$

积分后得到最终的计算公式：

$$S = \pi a^2\left(1+\frac{h^2}{a\sqrt{a^2-h^2}}\ln\frac{a+\sqrt{a^2-h^2}}{h}\right) \tag{9-19}$$

典型液体推进剂的能量特性如表 9-3 所列。

表 9-3　典型液体推进剂的能量特性

名　称	理论比冲/($m\cdot s^{-1}$)	理论比冲/s	燃烧温度/℃	密度/($kg\cdot m^{-3}$)
HNO_3+27%N_2O_4+煤油	3 041.0	310.12	2 951	1.394 E3
HNO_3+20%N_2O_4+UDMH	3 120.0	318.17	2 946	1.273 E3
N_2O_4+UDMH	3 291.0	335.61	3 243	1.189 E3
98%H_2O_2+煤油	3 161.0	322.35	2 708	1.317 E3
98%H_2O_2+B_5H_9	3 645.0	371.71	2 504	0.993 E3
N_2O_4+ B_5H_9	3 496.0	356.52	3 708	1.086 E3
$HCIO_4$+UDMH	3 272.0	333.67	3 323	1.358 E3
CIF_5+N_2H_4	3 490.0	355.90	3 972	1.532 E3
LO_2+UDMH	3 585.9	365.68	3 526	0.988 E3
LO_2+煤油	3 475.0	354.37	3 526	1.036 E3
LO_2+LH_2	4 378.0	446.46	3 210	0.349 E3
LF_2+LH_2	4 883.0	497.96	4 790	0.708 E3
LOF_2+LH_2	4 865.1	496.14	4 065	0.553 E3

9.2.3　根据发动机确定火箭直径

发动机的外形尺寸与获得必要推力或单位推力有密切关系。当推力或单位推力以及尾喷管剖面压力选定后，发动机的外形尺寸就不可改变了。设计运载火箭时往往选用现有的发动机，运载火箭的外径需要包容火箭发动机并根据装配的要求留适当的空隙。当手头没有现有发动机型号数据时，可以采用估算的方法计算发动机的直径。液体火箭发动机的燃烧室有多种形状，大致上可以分为三种，即球形、准球形（椭球或梨形）和圆筒形，如图 9-4 所示。现在的液体火箭发动机多数采用圆筒形燃烧室，因为这种形状便于制造。

下面将分两种情况讨论如何通过发动机来确定运载火箭的直径。

（1）喷口面积大于燃烧室截面积的情况

设发动机单位喷口面积上的推力为 P_s，则

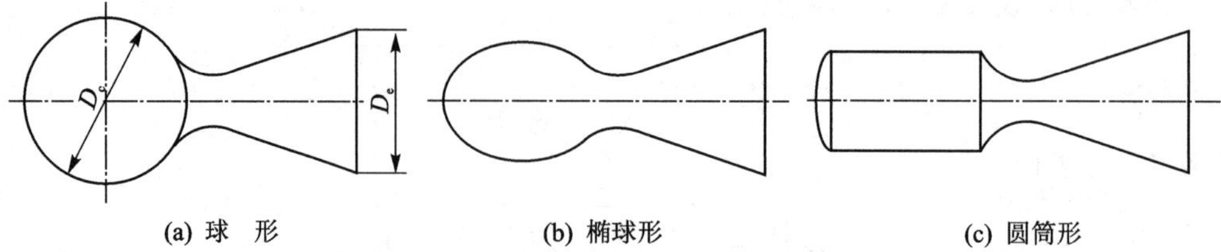

(a) 球　形　　(b) 椭球形　　(c) 圆筒形

图 9-4　液体火箭发动机燃烧室形状示意图

$$P_s = \frac{P_0}{\frac{\pi}{4}D_e^2} \tag{9-20}$$

其中，P_0 为火箭地面的推力，D_e 为发动机喷口直径；

$$P_0 = \frac{m_0 g_0}{\nu_0}$$

所以

$$D_e = \sqrt{\frac{4m_0 g_0}{\pi \nu_0 P_s}} \tag{9-21}$$

根据以前的统计值，$P_s = 980 \sim 3\ 920\ \mathrm{N/m^2}$，当 m_0 和 ν_0 确定后，火箭的直径就可估算了。

(2) 喷口面积等于燃烧室截面积的情况

此时采用燃烧室的直径，对于球形燃烧室

$$D_c = \sqrt[3]{\frac{6V_c}{\pi}} \tag{9-22}$$

其中，V_c 是燃烧室的体积，由下式确定：

$$V_c = \dot{q}_{m0} g_0 \frac{RT_c}{p_c}\tau = \frac{P_0}{I_{sp0}^E}\frac{RT_c}{p_c}\tau \tag{9-23}$$

所以

$$D_e = D_c = \sqrt[3]{\frac{6P_0 RT_c}{\pi I_{sp0}^E p_c}\tau} \tag{9-24}$$

其中，R 是燃烧室气体常数，T_c 是燃烧室温度，p_c 是燃烧室压力，τ 是燃气在燃烧室内停留的时间，一般为 0.03～0.08 s

当火箭采用单个发动机时，箭体直径可以按下式估算：

$$D = D_e + 2\Delta + 2\delta \tag{9-25}$$

其中，D_e 是发动机尾喷管的直径，Δ 是尾喷管与箭体之间的间隙，δ 为箭体的壁厚。

当多个发动机分布在某个圆周上时，箭体直径按下式估算：

$$D = D_F + D_e + 2\Delta + 2\delta \tag{9-26}$$

其中，D_F 是尾喷管分布圆的直径，其余符号的含义同式(9-25)。

图 9-5 所示为多发动机布置示意图。

另外，从运输的角度看，火箭直径受运输条件的限制，比如车辆的宽度、隧道的高度等。如果火箭直径太小，长细比太大，结构刚度不足，也同样会导致运输困难。从生产制造的角度看，火箭直径的选择应该考虑以下两种情况：① 材料规格对设计质量的影响。② 加工设备能力

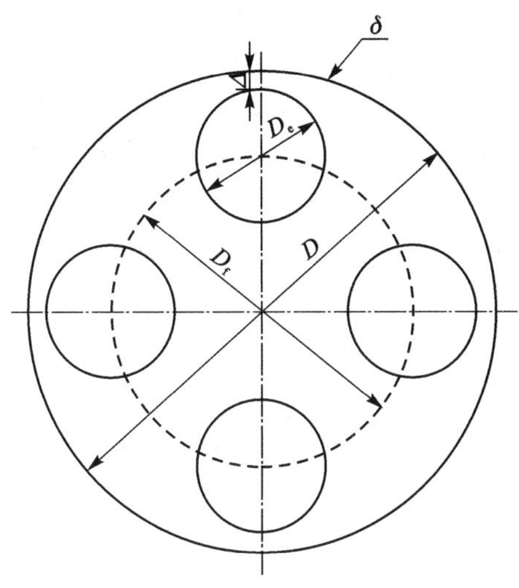

图 9-5　多发动机布置示意图

的影响。当然现阶段技术已经比较成熟，这方面的影响一般不再是严重的问题，但已有火箭直径所对应的加工设备和工装夹具也是设计人员选择运载火箭直径的重要考虑因素，火箭直径的标准化对降低成本和加快开发有重要的意义。

9.3　火箭头部外形尺寸的确定

9.3.1　弹头类型的选择

运载火箭的头部外形和发射的有效载荷有关，往往可能比箭体更粗，此时头部结构的主要功能是保护有效载荷并获得良好的气动外形，被称为整流罩。头部外形一般是圆锥和圆柱的组合，采用左右分体结构，便于有效载荷释放前抛整流罩。对于近程的弹道导弹，头部一般做成整体式的，头部的外形设计以减小气动阻力为目标，如图 9-6 所示。

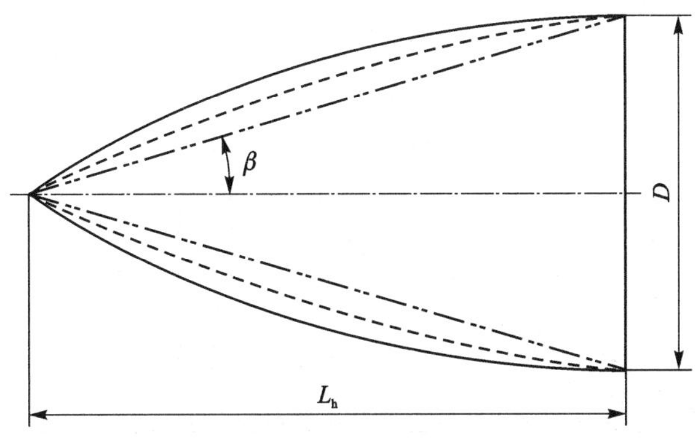

图 9-6　弹头的外形参数

为了减小气动阻力，头部一般做成尖的，以减小波阻，因为波阻在超声速情况下在气动阻力中占的比例较大，β 角越小，弹头波阻就越小，显然 β 与弹头的长细比有关：

$$\lambda_h = \frac{L_h}{D} \tag{9-27}$$

其中，L_h 为弹头的长度，D 为弹头的直径。长细比太小，虽然可以减小 β，但同时增加了结构的重量，一般取 2～3。当然 β 还受弹头外形的影响。弹道导弹的射程 L 和弹头外形可以按照下面的建议进行选择：

$L=$ 300～700 km，采用抛物线形，如图 9-7(a)所示；

$L=$700～1 500 km，采用圆锥形，如图 9-7(b)所示；

$L>$1 500 km，采用钝球头截锥形，如图 9-7(c)所示。

采用锥体的优点是制造简单，缺点是单锥体和圆柱体的连接处不光滑，导致附加波阻，必要时可以采用多锥组合外形来缓解该矛盾。随着射程的增大，弹头再入的速度也会增大，气动热问题会变得严峻，所以当射程大于 1 500 km 时，传统上推荐采用钝球头截锥形弹头，这有利于解决气动热问题，但同时气动阻力会增大。随着技术的进步，气动热问题被很好地解决了，高速弹头也可以采用圆锥形外形。

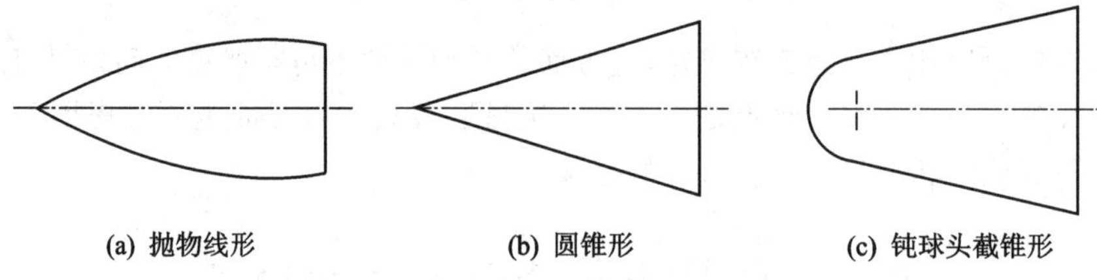

图 9-7　弹道导弹头常用外形

9.3.2　回转抛物线形弹头

抛物线外形曲线采用下式描述：

$$y = \frac{D}{2}\left[1 - \left(\frac{x}{L_h}\right)^2\right] \tag{9-28}$$

其中，D 为弹头直径，L_h 为弹头长度，x 的范围是 0～L_h。参考示意图如图 9-8 所示，可以通过计算得到弹头的长度。

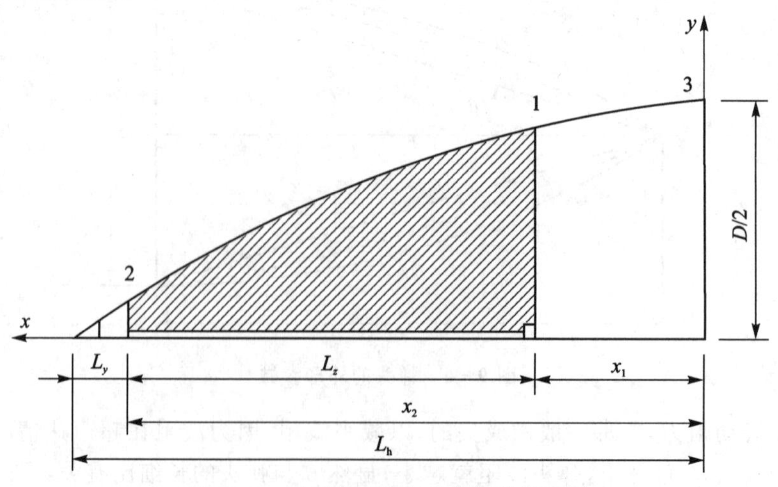

图 9-8　用于抛物线弹头计算的示意图

首先，通过积分可以求出弹头的体积：

$$V_{1-2}=\frac{\pi D^2}{4}\left[(x_2-x_1)-\frac{2}{3L_h^2}(x_2^3-x_1^3)+\frac{1}{5L_h^4}(x_2^5-x_1^5)\right] \tag{9-29}$$

图中阴影部分的质心(从弹头前端记起)为

$$X_{t1-2}=\frac{\pi D^2}{4V_{1-2}}\left[\frac{1}{2}(x_2^2-x_1^2)-\frac{1}{2L_h^2}(x_2^4-x_1^4)+\frac{1}{6L_h^4}(x_2^6-x_1^6)\right] \tag{9-30}$$

当炸药的质量确定后，炸药的体积可以求出来：

$$V_z=\frac{m_z}{\rho_z} \tag{9-31}$$

假设在 V_{1-2} 内放的零件体积为 V_{prt}，则有

$$V_{1-2}=V_z+V_{prt} \tag{9-32}$$

于是有方程

$$V_z+V_{prt}=\frac{\pi D^2}{4}\left[(x_2-x_1)-\frac{2}{3L_h^2}(x_2^3-x_1^3)+\frac{1}{5L_h^4}(x_2^5-x_1^5)\right] \tag{9-33}$$

假设引信的长度为 l_y，则 $x_2=L_h-L_y$，而 $x_1=x_2-L_z$，代入上式就可以求出炸药段的长度 L_z 了。

弹头后部一般留一定的安定裙，以保证弹头的静稳定性。再入大气时，定义弹头的安定度为

$$\Delta\eta_G=\frac{X_a-X_t}{L_h} \tag{9-34}$$

其中，X_a 是弹头的压力中心离弹头尖端的距离，X_t 是弹头的重心离弹头尖端的距离，见图 9-9。

$\Delta\eta_G$ 越大，再入大气时，弹头就能越快转入稳定飞行，一般要使弹头质心和压心之差与弹头长度的比值 $\Delta\eta_G$ 在 10%～15%之间。

具有抛物线外形弹头的压力中心可以近似采用下式确定：

$$X_a\approx 0.62L_h \tag{9-35}$$

根据该经验公式，可以得到弹头的长度为

$$L_h=\frac{X_t}{0.62-\Delta\eta_G} \tag{9-36}$$

令弹头有效爆炸部分的长度为 l_{bo}，则

$$L_{bo}=L_z+L_y \tag{9-37}$$

于是可以求出稳定裙的长度：

$$L_q=L_h-L_{bo} \tag{9-38}$$

下面根据前面提到的求阴影部分的质心公式，用整个回转抛物体的质心近似表示弹头的质心 x_t，于是得到如下公式：

$$X_t=\frac{\pi D^2}{4V_{3-2}}\left(\frac{1}{2}x_2^2-\frac{1}{2L_h^2}x_2^4+\frac{1}{6L_h^4}x_2^6\right) \tag{9-39}$$

其中

$$V_{3-2}=\frac{\pi D^2}{4}\left(x_2-\frac{2}{3L_h^2}x_2^3+\frac{1}{5L_h^4}x_2^5\right) \tag{9-40}$$

精确算法则需要分别计算阴影部分的重心和质量以及弹头壳体的重心和质量，然后求解整个

弹头的重心。回转抛物面壳体的质心按下面的方法求解。假定壳体材料密度为 ρ,厚度为 δ。取 $\mathrm{d}x$ 段研究,其质量为

$$\mathrm{d}m_{\mathrm{p}}=2\pi y\,\mathrm{d}x\delta\rho \tag{9-41}$$

该微小质量对弹头尖端点取矩得到

$$\mathrm{d}M_{\mathrm{p}}=2\pi y\,\mathrm{d}x\delta\rho(l_{\mathrm{h}}-x) \tag{9-42}$$

将式(9-28)的 y 代入式(9-41)并积分得到

$$m_{\mathrm{p}}=\pi\delta\rho D\int_{0}^{l_{\mathrm{h}}}\left[1-\left(\frac{x}{l_{\mathrm{h}}}\right)^{2}\right]\mathrm{d}x \tag{9-43}$$

$$m_{\mathrm{p}}=\frac{2}{3}\pi\delta\rho D l_{\mathrm{h}} \tag{9-44}$$

其中,m_{p} 是回转抛物体的质量。

将式(9-28)的 y 代入式(9-42)并积分得到

$$M_{\mathrm{p}}=\pi\delta\rho D\int_{0}^{l_{\mathrm{h}}}(l_{\mathrm{h}}-x)\left[1-\left(\frac{x}{l_{\mathrm{h}}}\right)^{2}\right]\mathrm{d}x \tag{9-45}$$

$$M_{\mathrm{p}}=\frac{5}{12}\pi\delta\rho D l_{\mathrm{h}}^{2} \tag{9-46}$$

于是抛物壳体的质心(从弹头端点量取)为

$$X_{\mathrm{p}}=\frac{M_{\mathrm{p}}}{m_{\mathrm{p}}}=\frac{5}{8}l_{\mathrm{h}} \tag{9-47}$$

于是弹头的质心为

$$X_{\mathrm{t}}=\frac{m_{1-2}X_{\mathrm{t1-2}}+m_{\mathrm{p}}X_{\mathrm{p}}}{m_{1-2}+m_{\mathrm{p}}} \tag{9-48}$$

其中,m_{1-2} 是阴影部分的质量,$X_{\mathrm{t1-2}}$ 是阴影部分的质心离弹头尖端的距离,X_{p} 是回转抛物体的质心离弹头尖端的距离。

图 9-9 所示为抛物弹头压心、质心及其安定裙示意图。

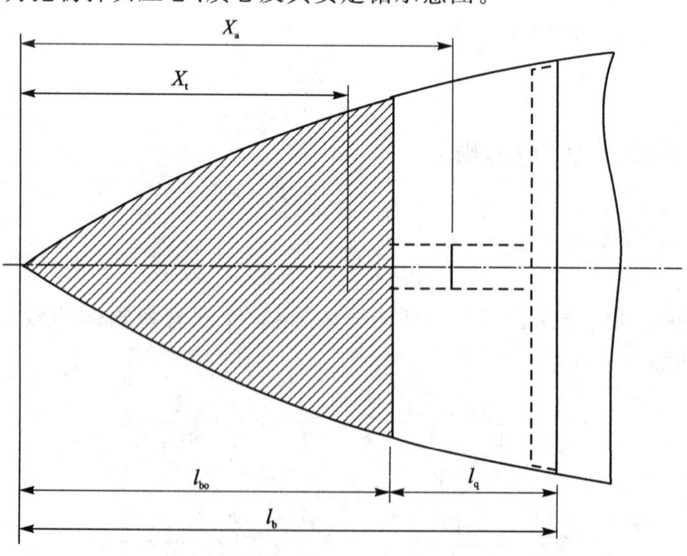

图 9-9 抛物弹头压心、质心及其安定裙示意图

9.3.3　圆锥弹头

对于圆锥弹头，其体积计算公式为

$$V=\frac{\pi D^2 h}{12} \tag{9-49}$$

其中，D 为锥底圆的直径，h 为圆锥的高度。

质心（离锥顶的距离）的计算公式为

$$x_z=\frac{3h}{4} \tag{9-50}$$

下面给出整个弹头压力中心的计算公式：

$$\bar{X}_a=\frac{C_{yh}\bar{X}_{ah}+C_{yq}\dfrac{l_q}{D}\left(\dfrac{D^2-D_i^2}{D_i^2}\right)}{C_{yh}+C_{yq}\left(\dfrac{D^2-D_i^2}{D_i^2}\right)} \tag{9-51}$$

$$\bar{X}_a=\frac{X_a}{D}$$

$$\bar{X}_{ah}=\frac{X_{ah}}{D_i}$$

其中，X_a 是整个可分离头部压力中心位置，X_{ah} 是头部不包含仪器舱的压力中心位置；C_{yh} 是头部不包含安定裙的升力系数；l_q 是安定裙长度；C_{yq} 是安定裙升力系数；D_i 是仪器舱的直径；D 是导弹的直径。

图 9－10 所示为带仪器舱的圆锥形弹头示意图。

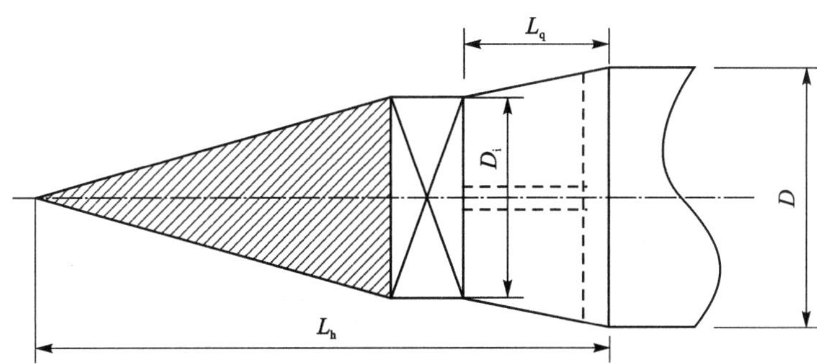

图 9－10　带仪器舱的圆锥形弹头示意图

9.4　仪器舱段设计

仪器舱段外形尺寸的计算与其所安放的部位有密切的关系，如果仪器舱位于推进剂舱之前，则与火箭头部的外形有关；如果仪器舱位于推进剂舱的后面，则总是圆筒形的。归纳一下，仪器舱的形状不外乎有圆筒形、圆柱形、截锥形（圆锥台）和抛物线形四种。

当仪器舱为圆筒形（见图 9－11）时，仪器舱的体积为

$$V_c = \frac{V_{ins}}{\zeta} = \frac{m_{ins}}{\zeta \rho_{ins}} \tag{9-52}$$

其中，m_{ins} 是仪器的总质量；ρ_{ins} 是仪器的平均体积，一般由统计得到；ζ 是比例因子，一般取 $\frac{1}{3} \sim \frac{1}{8}$。

仪器舱段的长度为

$$L_c = \frac{4V_c}{\pi(D^2 - d^2)} \tag{9-53}$$

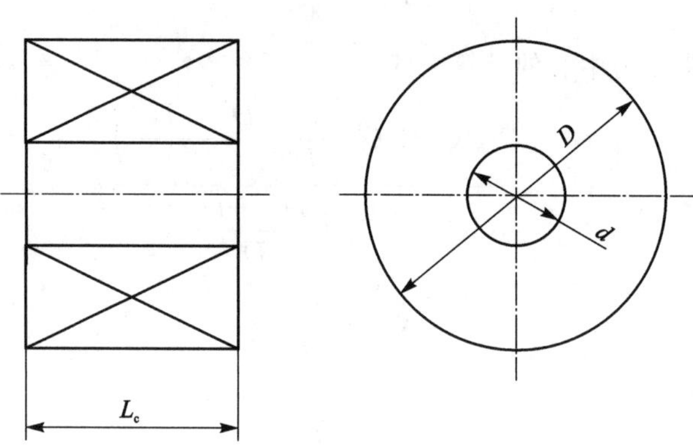

图 9-11　圆筒形仪器舱示意图

上述公式适用于所有圆筒形的仪器舱段；对于圆柱形舱段，只需要令 $d_1 = 0$ 即可。

当仪器舱位于锥形弹头内部时，形状为截锥体（圆锥台）（见图 9-12），其体积计算公式为

$$V = \frac{\pi h}{12}(D^2 + d^2 + Dd) \tag{9-54}$$

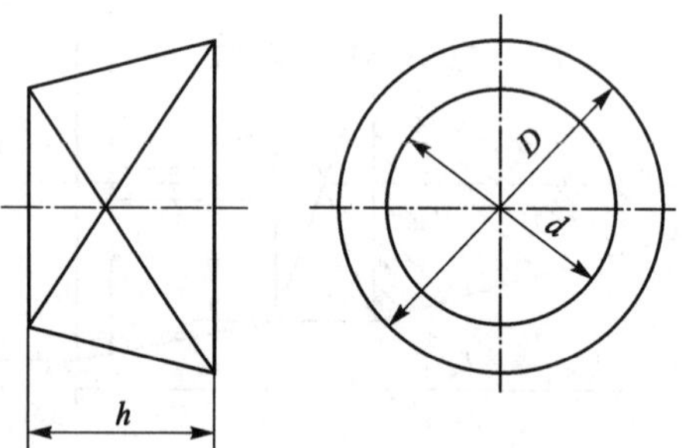

图 9-12　圆锥台形仪器舱示意图

当仪器舱位于抛物线弹头后部时，可以根据情况近似采用圆锥台或圆柱体，也可以采用前面介绍的抛物线弹头的体积求法来求解仪器舱的体积和长度，参看示意图 9-8，具体体积和长度的关系式为

$$V_{3-1} = \frac{\pi D^2}{4}\left(x_1 - \frac{2}{3l_h^2}x_1^3 + \frac{1}{5l_h^4}x_1^5\right) \tag{9-55}$$

当根据实际的仪器设备确定下体积后，通过上式就可求出舱段的长度 x_1，舱段的大径是弹径，小径可以通过将 x_1 代入抛物线方程（9-28）求出。

9.5　中段长度确定

中段主要是推进剂箱，当火箭的直径和燃料类型选定后，就很容易确定出燃料的体积和燃料箱的长度。下面推荐一种近似的方法，首先计算推进剂的质量：

$$m_p = m_0(1 - \mu_k) \tag{9-56}$$

然后计算推进剂的体积：

$$V = \left(\frac{\pi d_r^2}{4}\right) l_r = \frac{m_p}{\rho_p} \tag{9-57}$$

其中，l_r 是舱段的长度，d_r 是舱段的直径，参考图 9－2。

于是可以得到中段长度的估计值：

$$l_r = \frac{4m_p}{\pi d_r^2 \rho_p} \tag{9-58}$$

对于液体运载火箭，推进剂包含燃料和氧化剂，ρ_p 的值可以直接从表 9－3 中查得，如果表中没有，可以根据以下理论平均密度公式计算：

$$\rho_p = \frac{m_p \rho_A \rho_B}{m_A \rho_B + m_B \rho_A} \tag{9-59}$$

于是中段的长度为

$$l_r = \frac{4(m_A \rho_B + m_B \rho_A)}{\pi d_r^2 \rho_A \rho_B} \tag{9-60}$$

对于固体火箭，ρ_p则指药柱的密度。实际设计时往往需要考虑箱体附件所占的体积；如果是液氧箱，还需要考虑箱体在低温作用下的收缩导致的容积减小。

9.6　尾段外形尺寸确定

尾段的外形尺寸，主要取决于运载火箭的直径、动力装置的尺寸以及操纵和稳定方式。目前多数弹道式导弹和运载火箭都不带安定面，而且采用偏摆发动机的方式来实现飞行机动，其尾段的外形多是圆筒形的。这种形状制造简单，发射竖起时稳定性好，此时尾段的直径就是火箭的直径，长度则是发动机长度与安装支架长度之和。

用于导弹系统的带安定面的小型火箭，尾段外形有采用抛物线形或锥台形的，这样有利于减小空气的阻力。这样的尾段有两个直径，最大直径就是火箭直径，最小直径取决于尾喷管直径和安装舵面的要求。尾段的长度也与动力装置的长度和操纵方式有关系，要计算尾段外形尺寸，首先要计算动力装置的尺寸和选定操纵方式。一般设计中，发动机的尺寸由发动机的设计单位提供，但总体阶段，当发动机单位还没有设计出发动机时，只有在火箭推力参数 P 和发动机的比冲 I_{sp0} 确定的情况下，可以通过发动机的热力计算，求出发动机燃烧室内燃气的有关参数，如燃气气体常数 R、温度 T_c 和压力 P_c。然后通过 9.2.3 小节中的公式求出发动机的直径，其中喷管喉部长度采用下式计算：

$$h_1 = \frac{D_c}{4} \tag{9-61}$$

其中，D_c 为燃烧室的直径。

参考示意图 9－13，尾喷管长度按下式计算：

$$h_2 = \frac{D_e - D_{th}}{2\tan\alpha} \tag{9-62}$$

其中，D_e 是尾喷管出口的直径；D_{th} 是尾喷管喉部的直径；α 是尾喷管的扩散角。

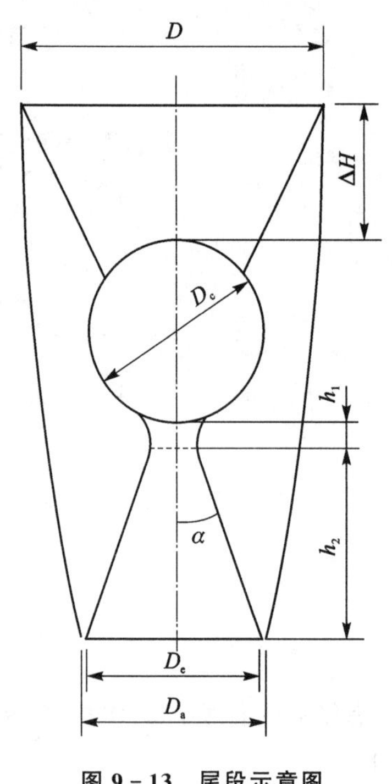

图 9－13　尾段示意图

于是发动机系统的总长为

$$l_f = D_c + h_1 + h_2 + \Delta H$$

其中，ΔH 是发动机架的长度，它由涡轮泵直径以及相关零件的尺寸共同决定。

一般来说，尾段的长度分两种情况。一是如果操纵机构是空气舵和燃气舵、有安定面的导弹，尾段的长度就等于动力装置的长度，这类导弹一般是老式的近程液体弹道导弹，尾段收口直径 $D_a = D_e + 200 \sim 300$ mm。二是操纵机构为摆动发动机不带安定面的火箭，尾段的长度等于动力装置长度减去尾喷管露在外面的长度，尾喷管外露可以减小尾段的重量，为尾喷管的偏摆提供足够的空间。这类火箭多用于远程弹道导弹或运载火箭。

根据前面的分析，火箭的总长可以表示为头部长度 L_h、中段长度 l_r 和尾段长度 l_f 之和，如果有专门的仪器舱段，那么还应该加上该舱段长度 L_c；此外，还要包括这些舱段分析无法计入的长度 ΔL。

$$L_p = L_h + L_c + l_r + l_f + \Delta L$$

这些总体外形尺寸确定后，就可以绘制总体外廓图了，这是进一步进行气动分析和结构设计的基础。

习　　题

1. 确定运载火箭或弹道导弹外形尺寸时，应考虑哪些因素？
2. 对应运载火箭或弹道导弹，一般推荐的长细比在什么范围？
3. 一般来说，受力式推进剂箱包含哪几个部分？
4. 运载火箭或弹道导弹的推进剂质量如何确定？
5. 弹道导弹的弹头一般采用哪几种外形？

第10章　核验计算

在设计的最初阶段，所确定的设计参数、几何尺寸和运载火箭各部分质量及总体质量都是很粗略的，所以在得到这些参数之后，必须进行一系列的核验计算，具体包括质量计算、重心计算、气动力计算和弹道仿真计算等。进行了这些核验计算后，就可以进行飞行方案的设计和气动力的计算了。气动力计算是根据已设计好的火箭来计算火箭的阻力、升力和压力中心的位置，这些内容将在气动力计算相关课程中涉及。下面来进行质量、重心、转动惯量的估算以及弹道验算。

10.1　质量计算

在选择运载火箭的主要设计参数时所求出的火箭结构质量和起飞质量是很不精确的，因为在进行质量分析时无法考虑火箭的详细结构，质量的确定依据类似火箭的质量特性。所以在详细确定了火箭各部分零件的结构形式和尺寸之后，就可以进行精确的质量计算了，此时计算出来的质量与最初总体设计时所确定的总质量往往会有较大的差别。一般来说固体火箭的结构形式简单些，液体火箭的结构形式相对较复杂，无论哪一种火箭，设计人员都可以采用分部计算法来计算火箭各个零部件的质量，然后计算出总质量。当然现在三维设计软件已经很普遍，当在三维设计软件中设计出运载火箭后，就可以通过软件的分析计算功能得到火箭各个部分的质量以及质心的位置。如果没有三维设计软件，可以根据主要零部件的几何尺寸，采用下面介绍的积分法来求零件的质量。

火箭中存在大量的回转体零件，包括火箭的箭体、各种管道以及推进剂箱体等。以箭体为例，如图10-1所示，以箭体坐标系为参考系，可以给出其外形母线曲线函数如下：

$$y=f(x) \tag{10-1}$$

不考虑箭体的中空，可以求出实心火箭的体积为

$$v_1=\pi\int_0^l f(x)^2\mathrm{d}x \tag{10-2}$$

设箭体厚度为δ，火箭内部空腔的体积为

$$v_2=\pi\int_0^l [f(x)-\delta]^2\mathrm{d}x \tag{10-3}$$

其中，l为箭体长度，δ为箭体厚度。

箭体的总质量为

$$m_{\text{body}}=\rho(v_1-v_2) \tag{10-4}$$

其中，ρ为箭体材料的密度。

如果箭体形状给不出解析式，读者也可以通过外形数据拟合出曲线，然后再求解；或者将箭体沿x方向离散成n段，采用梯形求解积法计算，公式如下：

$$v_1=\pi\left[\frac{f(x_0)^2+f(x_n)^2}{2}+\sum_{i=1}^{n-1}f(x_i)^2\right]\frac{l}{n} \tag{10-5}$$

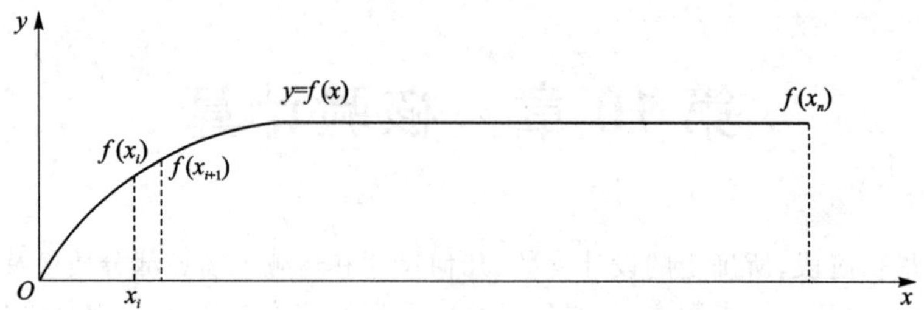

图 10-1 质量计算示意图

$$v_2=\pi\left\{\frac{[f(x_0)-\delta]^2+[f(x_n)-\delta]^2}{2}+\sum_{i=1}^{n-1}[f(x_i)-\delta]^2\right\}\frac{l}{n} \tag{10-6}$$

上面的方法是用体积计算来求解的，该方法简单，比较适合于手工计算。大家知道，箭体和许多零件都是回转壳体，所以读者也可以通过求回转壳体中心面的表面积，再乘以箭体厚度的方法来求解箭体的体积，然后进一步求取质量。假定箭体外形母线函数如式（10-1）所示，则箭体的壳体的质量为

$$m_{\text{body}}=2\pi\rho\delta\int_0^s\left(y-\frac{\delta}{2}\right)\mathrm{d}s \tag{10-7}$$

其中

$$\mathrm{d}s=\sqrt{\mathrm{d}x^2+\mathrm{d}y^2}$$

而

$$\mathrm{d}y=f'(x)\mathrm{d}x$$

所以质量为

$$m_{\text{body}}=2\pi\rho\delta\int_0^l\left[f(x)-\frac{\delta}{2}\right]\sqrt{1+f'(x)^2}\,\mathrm{d}x \tag{10-8}$$

这个计算公式要复杂一些，但当知道火箭箭体外形函数时，编程计算也很容易。当不知道具体函数形式时，可以采用如下梯形求积分的近似公式：

$$m_{\text{body}}=2\pi\rho\delta\,\frac{l}{n}\sum_{i=0}^{n}R_i \tag{10-9}$$

其中

$$R_0=\frac{1}{2}\left[f(x_0)-\frac{\delta}{2}\right]\sqrt{1+\left\{\frac{n[f(x_1)-f(x_0)]}{l}\right\}^2} \tag{10-10}$$

$$R_i=\left[f(x_i)-\frac{\delta}{2}\right]\sqrt{1+\left\{\frac{n[f(x_{i+1})-f(x_i)]}{l}\right\}^2} \tag{10-11}$$

$$R_n=\frac{1}{2}\left[f(x_n)-\frac{\delta}{2}\right]\sqrt{1+\left\{\frac{n[f(x_n)-f(x_{n-1})]}{l}\right\}^2} \tag{10-12}$$

事实上，其他回转体比如说燃烧室、药柱、液体推进剂等都可以用上述方法求出质量；对于加强筋之类的零件可以根据相应的几何形状来计算，在这里不再赘述。求出各个部分质量后，就可以求出火箭的总质量，有了精确的质量参数后，就可再次进行弹道仿真，看设计的火箭是否能达到起初的技术战术指标。

10.2　质心定位计算

运载火箭总质量中燃料所占的比例是十分巨大的，当火箭飞行时，燃料不断消耗，火箭的质心位置因此会发生变化，这个变化是显著的。一方面，在考虑俯仰运动的较精确弹道仿真时，必须考虑质心的变化；另一方面，在研究火箭的静安定度时，也需要考虑运载火箭质心随飞行的变化。质心位置的变化量不仅会影响运载火箭飞行的稳定性，而且是估算火箭致偏力的重要依据。为了保证飞行稳定，飞行过程中燃料引起的运载火箭质心变化越小越好。显然，像飞机和巡航导弹这样的系统多数时候保持水平姿态飞行，满足这一要求是相对容易的；但对于运载火箭来说，情况有明显的不同。对于液体运载火箭，起初是垂直飞行，此时推进剂减少，火箭的质心就会向底端移动；然后火箭会实现程序转弯飞行，但考虑火箭始终加速飞行的特点，可以认为这个阶段虽然火箭箭体是倾斜的，但由于飞行加速度的影响，推进剂上液面仍然与火箭底部保持平行。所以无论液体火箭是垂直飞行还是转弯飞行，火箭的质心总是沿箭体轴线向下移动。对于固体火箭，由于推进剂是从中心向周边燃烧，所以并不像液体火箭那样存在推进剂下移的情况，所以飞行过程中，质心会逐渐上移。但无论哪种火箭，在进行结构设计时都需要精心布置各个零件和仪器舱段，使结构系统的质心落在箭体中轴线上，实在难以达到时，需要放置配重加以调整。

在进行质心计算时，先将结构分成不同的部件，分别计算出它们的质量和质心的位置，质心的位置都以箭头顶端为基准进行度量，然后再计算总的质心。其实，每个部件都有许多零件，无论是部件质心计算还是整箭质心计算，都可以按照相同的原理公式进行。质心计算公式如下：

$$\left.\begin{aligned} x_z &= \frac{\sum_{i=0}^{n} m_i x_{zi}}{\sum_{i=0}^{n} m_i} \\ y_z &= \frac{\sum_{i=0}^{n} m_i y_{zi}}{\sum_{i=0}^{n} m_i} \\ z_z &= \frac{\sum_{i=0}^{n} m_i z_{zi}}{\sum_{i=0}^{n} m_i} \end{aligned}\right\} \tag{10-13}$$

当考虑推进剂时，只需将推进剂作为一个部件，根据推进剂秒消耗量，就可以得到火箭质心随飞行时间的变化情况。现在如果有三维设计软件，则其结构部分的计算变得相对容易，只是推进剂质心的变化需要根据该原理单独考虑。

考虑到手工或编程计算的需要，图 10－2 给出了几种典型形状的质心位置，图中所有形体质心都位于 $x-z$ 轴的交点处。其中截锥体（见图(e)）和抛物线形弹头（见图(f)）的质心计算较为复杂。下面分别给出这两种形体的质量及质心位置的计算方法。

对于截锥体，如图 10-2(e)所示，以底面为参考，在距离地面 x 处取一个厚度为 $\mathrm{d}x$ 的一层，其质量为

$$\mathrm{d}m=\frac{\rho\pi}{4}\left[D-\frac{x}{h}(D-d)\right]^2\mathrm{d}x \tag{10-14}$$

其中，ρ 为材料的密度。进一步化简得到

$$\mathrm{d}m=\frac{\rho\pi}{4h^2}\left[D^2h^2-2Dh(D-d)x+x^2(D-d)^2\right]\mathrm{d}x \tag{10-15}$$

该微小质量对底部中心取矩得到

$$\mathrm{d}M=x\,\mathrm{d}m=\frac{\rho\pi}{4h^2}\left[D^2h^2x-2Dh(D-d)x^2+x^3(D-d)^2\right]\mathrm{d}x \tag{10-16}$$

对 $\mathrm{d}m$ 积分得到

$$m=\int_0^h\mathrm{d}m=\frac{\rho\pi h}{12}(D^2+Dd+d^2) \tag{10-17}$$

对 $\mathrm{d}M$ 积分得到

$$M=\int_0^h\mathrm{d}M=x\,\mathrm{d}m=\frac{\rho\pi h^2}{48}(D^2+2Dd+3d^2) \tag{10-18}$$

于是截锥体的质心离底部中心的距离为

$$h_c=\frac{M}{m}=\frac{h}{4}\left(1+\frac{Dd+2d^2}{D^2+Dd+d^2}\right)=\frac{h}{4}\left(1+\frac{2k^2+k}{k^2+k+1}\right) \tag{10-19}$$

其中，$k=\dfrac{d}{D}$。

对于以式(9-28)表示的抛物线为母线的回转体，如图 10-2(f)所示，以底面为参考基准，在距离底面 x 的地方取一个微小的厚度 $\mathrm{d}x$，则该层的微小质量为

$$\mathrm{d}m=\rho\pi r^2\mathrm{d}x=\rho\pi\frac{D^2}{4}\left[1-\left(\frac{x}{l}\right)^2\right]^2\mathrm{d}x \tag{10-20}$$

其中，ρ 为材料的密度。进一步化简得到

$$\mathrm{d}m=\rho\pi r^2\mathrm{d}x=\rho\pi\frac{D^2}{4l^4}(l^4-2l^2x^2+x^4)\mathrm{d}x \tag{10-21}$$

该微小质量对底部中心取矩得到

$$\mathrm{d}M=x\,\mathrm{d}m=\rho\pi\frac{D^2}{4l^4}(l^4x-2l^2x^3+x^5)\mathrm{d}x \tag{10-22}$$

对 $\mathrm{d}m$ 积分，得到回转体的总质量为

$$m=\int_0^l\mathrm{d}m=\rho\pi\frac{2D^2l}{15} \tag{10-23}$$

对 $\mathrm{d}M$ 积分得到

$$M=\int_0^l\mathrm{d}M=x\,\mathrm{d}m=\rho\pi\frac{D^2l^2}{24} \tag{10-24}$$

于是回转体质心到底部中心的距离为

$$l_c=\frac{M}{m}=\frac{5}{16}l \tag{10-25}$$

如图 10-2(c)所示的圆环体的质量为

$$m=\frac{\rho\pi^2 Dd^2}{4} \tag{10-26}$$

如图 10－2(d)所示的圆锥体的质量为

$$m=\frac{\rho\pi d^2 h}{12} \tag{10-27}$$

锥体质心在离底面$\frac{h}{4}$的地方。

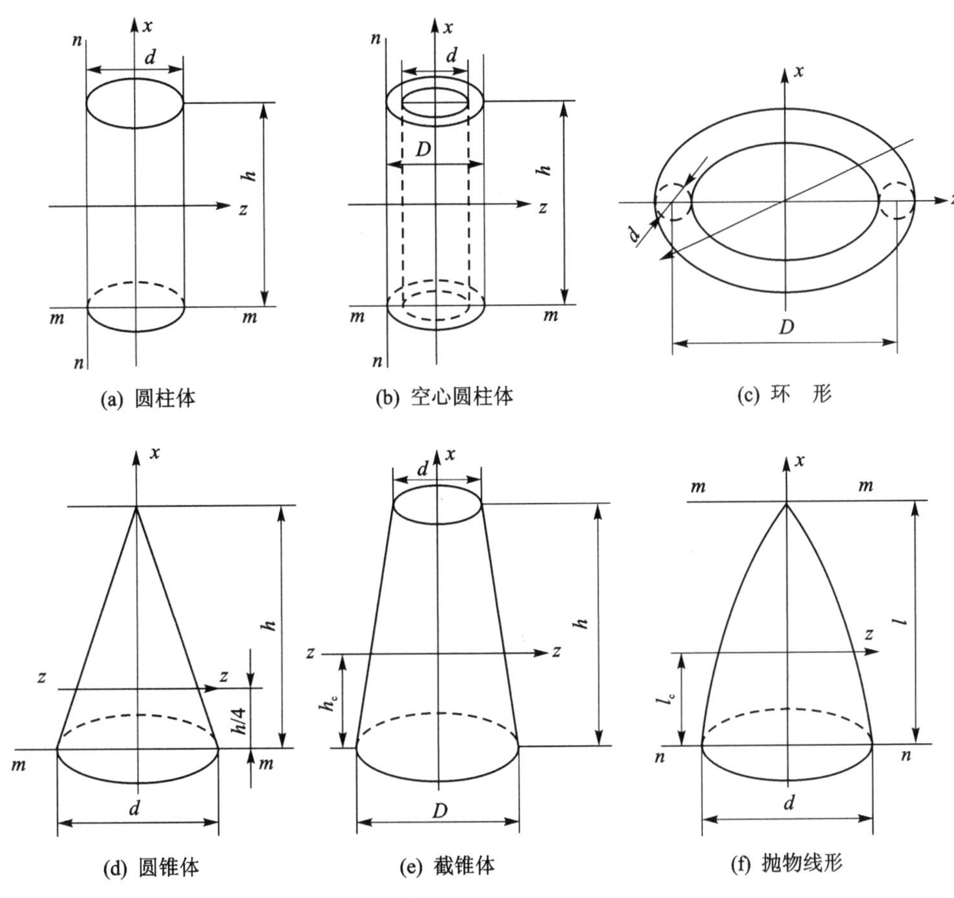

图 10－2　几种典型几何形体的示意图

10.3　转动惯量计算

为了检验火箭的机动性和操纵性，必须在考虑火箭姿态变化的情况下进行运动仿真，此时火箭的转动惯量是必不可少的。如果整个设计工作都在三维软件中进行，那么求火箭的转动惯量的工作也就十分容易了。考虑到有时还有手工估算的可能，下面将几种形体的转动惯量计算公式列出，供设计时选用。使用时首先将火箭划分成不同的段，使之符合需要的形状，然后分别计算其相对于自身质心的转动惯量和质心在整个箭体中的位置，最后用平行移轴定理求出箭体坐标下的总转动惯量。图 10－2 中给出了几种典型形体的形状、尺寸及各轴的位置。

下面逐一给出相应的计算公式供计算及编程参考。

① 圆柱体，如图 10－2(a)所示。

$$\left.\begin{aligned} J_x &= M\frac{d^2}{8} \\ J_z &= M\left(\frac{d^2}{16}+\frac{h^2}{12}\right) \\ J_m &= M\left(\frac{d^2}{16}+\frac{h^2}{3}\right) \\ J_n &= M\frac{3d^2}{8} \end{aligned}\right\} \tag{10-28}$$

② 空心圆柱体，如图 10－2(b)所示。

$$\left.\begin{aligned} J_x &= M\frac{D^2+d^2}{8} \\ J_z &= M\left(\frac{D^2+d^2}{16}+\frac{h^2}{12}\right) \\ J_m &= M\left(\frac{D^2+d^2}{16}+\frac{h^2}{3}\right) \end{aligned}\right\} \tag{10-29}$$

③ 环形，如图 10－2(c)所示。

$$\left.\begin{aligned} J_x &= M\left(\frac{D^2}{4}+\frac{3d^2}{16}\right) \\ J_z &= M\left(\frac{D^2}{8}+\frac{5d^2}{32}\right) \end{aligned}\right\} \tag{10-30}$$

④ 圆锥体，如图 10－2(d)所示。

$$\left.\begin{aligned} J_x &= M\frac{3d^2}{40} \\ J_z &= M\frac{3(d^2+h^2)}{80} \\ J_m &= M\frac{3d^2+8h^2}{80} \\ J_n &= M\frac{3d^2+83h^2}{80} \end{aligned}\right\} \tag{10-31}$$

⑤ 截锥体，如图 10－2(e)所示。

$$J_x = M\frac{3}{40}\left(\frac{D^5-d^5}{D^3-d^3}\right) \tag{10-32}$$

⑥ 抛物线形，如图 10－2(f)所示。

$$\left.\begin{aligned}J_x &= M\frac{d^2}{12}\\J_z &= M\left(\frac{d^2}{4}+\frac{l^2}{3}\right)\\J_m &= M\left(\frac{d^2}{4}+3l^2\right)\\J_n &= M\left(\frac{d^2}{4}+l^2\right)\end{aligned}\right\} \tag{10-33}$$

10.4　弹道验算

根据质量计算的结果，可以得到火箭的结构质量和起飞质量，由于这些数据和起初设计阶段估计的值有出入，所以设计参数也会随之变化，这也必然导致运载火箭飞行性能的变化。运载火箭的飞行性能参数主要是关机时所能达到的高度和速度，弹道导弹的飞行性能参数主要指关机点的高度、速度和主动段射程，也可以说是整个射程。所以必须根据精确计算的质量参数来对火箭进行弹道验算，如果验算结果不能满足预定的要求，则必须重新选择或调整设计参数，甚至改变火箭构型。在弹道验算阶段，只需要进行平面内弹道的仿真计算即可，由于第 1 章中已经给出了火箭的运动方程，所以在这里通过算例说明。

设计任务为某弹道导弹，要求射程为 1 000 km，有效载荷为 1 500 kg，选定的构型为单级液体火箭，有效载荷可以分离，燃料箱为受力式的，输送系统为泵式，无尾翼，利用摆动尾喷管实现导弹机动，燃料为 98%H_2O_2＋煤油，进行总体设计和弹道验算。

该设计问题需分两步来实现，首先是主要总体参数的确定，然后是仿真验证。

1. 设计参数的确定

假定关机点高度为 100 km，根据近似的速度计算式(2-41)，满足射程 1 000 km 的主动段终点速度为

$$v_k = 11.10\sqrt{\tan\left(\frac{l_{\mathrm{B.F.}}^{\max}}{2\times 6\ 371}\right)\tan\left(\frac{\pi}{4}-\frac{l_{\mathrm{B.F.}}^{\max}}{4\times 6\ 371}\right)} = 2.992\ \mathrm{km/s}$$

将关机点的弹道倾角取为对应射程的最优倾角，根据式(2-36)计算得到

$$\theta_k = 45^\circ - \frac{57.3^\circ}{4\times 6\ 371}l_{\mathrm{B.F.}} \approx 42.8^\circ$$

初步选取影响较小的参数

$$a_{\mathrm{E}} = 1.12$$

$$p_m = 12\ 000\ \mathrm{kg/m^2}$$

飞行程序中的参数初步选为

$$\mu_1 = 0.95$$

$$\mu_2 = 0.3$$

燃料为 98%H_2O_2＋煤油的密度为 1.317E3 $\mathrm{kg/m^3}$，理论比冲为

$$I_{\mathrm{sp0}}^{\mathrm{E}} = 322.35\ \mathrm{s}$$

根据第 5 章介绍的算法进行速度分析，得到如图 10-3 所示的速度分析曲线。

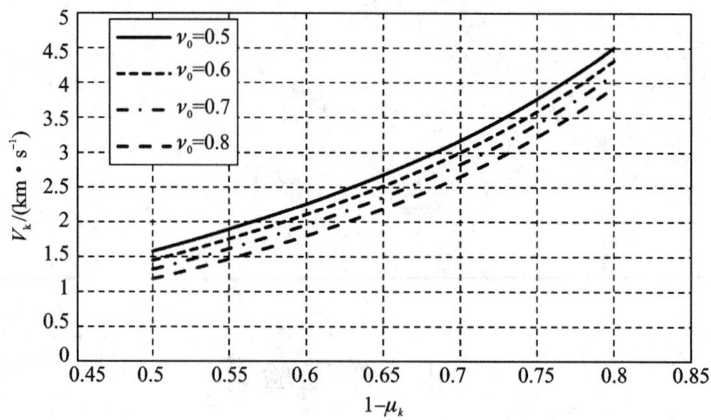

图 10-3 速度分析曲线

质量分析曲线见图 6-3。根据速度分析和质量分析的结果曲线，选择弹道导弹的主要设计参数为

$$\mu_k = 0.302$$
$$\nu_0 = 0.6$$
$$m_0 = 20\ 000\ \text{kg}$$

进一步得到火箭推力为

$$P_0 = \frac{m_0 g_0}{\nu_0} = 326\ 666.7\ \text{N}$$
$$m_k = \mu_k m_0 = 6\ 030\ \text{kg}$$

正规设计中，需要经过总体设计，确定火箭各部位安排并估算质量后，得到初步设计参数，然后进行弹道验算。这些过程比较复杂，在这里忽略，直接给出验算所需的参数如下：

$$m_0 = 19\ 500\ \text{kg}$$
$$P_0 = 326\ 666.7\ \text{N}$$
$$m_k = 5\ 362.5\ \text{kg}$$

推进剂秒消耗量为

$$q_m = \frac{P_0}{g_0 I_{\text{sp0}}^{\text{E}}} = 103.41\ \text{kg/s}$$

弹体直径为

$$d = 1.0\ \text{m}$$

2. 飞行程序的设定

飞行时间计算如下：

$$t_k = \nu_0 I_{\text{sp0}}^{\text{E}} (1 - \mu_k) = \frac{m_0 g_0}{P_0} I_{\text{sp0}}^{\text{E}} \left(1 - \frac{m_k}{m_0}\right)$$
$$t_k = \left(\frac{19\ 500 \times 9.8}{326\ 666.7} \times 322.35 \times 0.725\right)\ \text{s} = 136.72\ \text{s}$$

飞行程序为

$$\theta(t) = \frac{\frac{\pi}{2} - \theta_k}{(t_2 - t_1)^2}(t_2 - t)^2 + \theta_k$$

其中

$$t_1 = \frac{1-\mu_1}{1-\mu_k} t_k$$

$$t_2 = \frac{1-\mu_2}{1-\mu_k} t_k$$

取

$$\mu_1 = 0.95, \quad \mu_2 = 0.45$$

$$\mu_k = 0.275, \quad \theta_k = 42.8^\circ$$

3. 弹道仿真

编程实现弹道验算，得到火箭主动段飞行速度曲线和轨迹曲线分别如图 10-4 和图 10-5 所示。

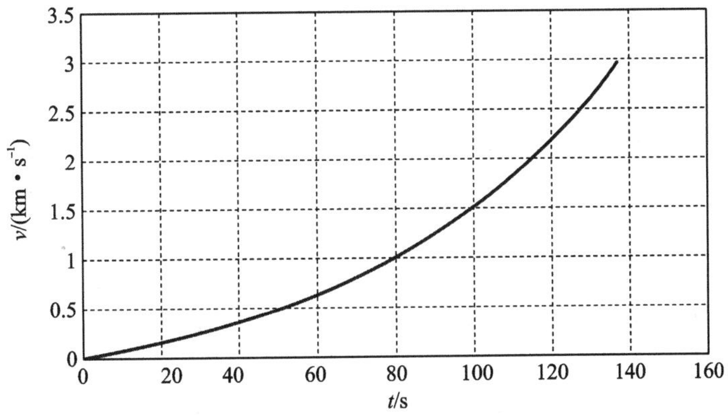

图 10-4　仿真验算得到的飞行速度曲线

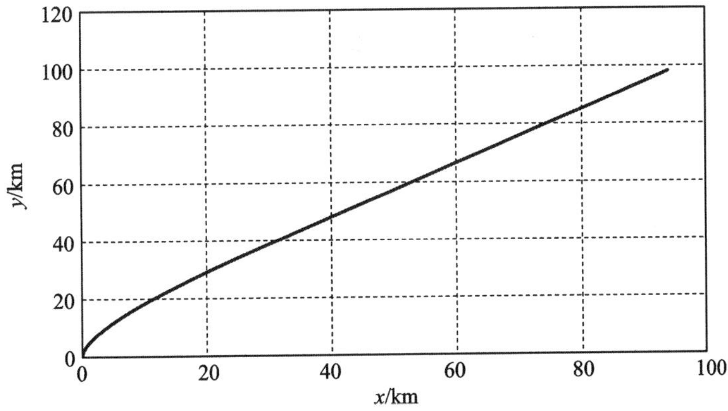

图 10-5　仿真验算得到的飞行轨迹曲线

计算得到的关机点速度和位置分别为

$$v_k = 2.967 \text{ km/s}$$

$$x_k = 94.06 \text{ km}$$

$$y_k = 98.12 \text{ km}$$

具体的弹道仿真程序见本章附录。

4. 射程验算

用主动段关机点的这些参数可以验算火箭的总射程，近似认为

$$L = x_k + L_{\text{B.F.}}$$

其中

$$L_{\text{B.F.}} = 2R_0 \arctan \frac{\nu \tan \theta_{Hk}}{\tan^2 \theta_{Hk} + 1 - \nu}$$

$$\nu = \frac{v_k^2}{v_{1k}^2}$$

$$v_{1k}^2 = \frac{\text{GM}}{r_k}$$

$$r_k = \sqrt{x_k^2 + (R_0 + y_k)}$$

$$\text{GM} = 3.986\ 005\text{E}14$$

将关机点各个参数代入得到

$$L = 1\ 075.19\ \text{km}$$

根据关机点参数估算的射程相对原设计要求偏差不大，所以初选的设计参数合理。

习　　题

1. 学习一种三维设计软件，建立某火箭的近似几何模型，并估算总质量、质心及转动惯量等。

2. 设计一种射程为 500 km 的弹道导弹，有效载荷为 500 kg，请选择推进剂的类型，估计导弹总体参数，并实现弹道验算。

附录　弹道仿真程序

```
//弹道仿真程序,郭祖华 2020/03/26;
//采用二阶 Runge - Kutta 方法
#include <stdio.h>
#include <math.h>
#include <iostream>
#include <iomanip>
using namespace std;
#define d2r (3.14/180.0)
#define gravity0 9.8

#define VEL 0
#define XXX 1
#define YYY 2
#define NST 3

#define PAR_T1      0
```

```
#define PAR_T2      1
#define PAR_THETAK 2
#define PAR_P       3
#define PAR_M0      4
#define PAR_QM      5
#define PAR_DIA     6
#define N_PARS      7

int fun1(double xdot[], double t, double x[], double * pars)
{
double t1, t2, thetak;
double theta,stheta,D,Sm,Cd,Cya,Czb,Ma,q,P;
double m,m0,qm,dia;
double T, P_ratio, air_density_ratio, v_sound, gravity;
t1 = pars[PAR_T1];//9.0;
t2 = pars[PAR_T2];//126.0;
thetak = pars[PAR_THETAK];//38 * d2r;

P = pars[PAR_P];//10000;//N;
m0 = pars[PAR_M0];//600;//kg
qm = pars[PAR_QM];//8.276;//kg/s
dia = pars[PAR_DIA];//弹径

m = m0 - qm * t;
theta = fly_program_t(t1, t2, thetak, t);
stheta = sin(theta);
air_parameters_and_gravity(T, P_ratio, air_density_ratio, v_sound, gravity, x[YYY]);
Sm = 0.25 * GUS_PI * dia * dia;
Ma = x[VEL] / v_sound;
UpdateCxCyaCzb(Ma, Cd, Cya, Czb);
q = 0.5 * air_density_ratio * air_density0 * x[VEL] * x[VEL];
D = q * Sm * Cd;
xdot[VEL] = (P - D) / m - gravity * stheta;
xdot[XXX] = x[VEL] * cos(theta);
xdot[YYY] = x[VEL] * stheta;
return 0;
}
int Euler_Cauchy(int fun(double ydot[], double t, double y[], double * pars),
double * tn,double yn[], double dt, int n, double * pars, double ybuffer[])
{
//实现一步定步长积分运算
//
//int n,求解问题的维数
//double yn[],求解的过程将放在其中
//double dt,时间步长
```

```
//double * tn,当前时间,每次积分增加一个 dt
//ybuffer[] is a 2n * double buffer,为了提高计算效率

int i,res;
double * ydot = ybuffer;
double * y1 = &ybuffer[n];
double t1,dt1;
res = fun(y1, * tn, yn, pars);
if (res) return res;
dt1 = dt * 0.5;
t1 =  * tn + dt1;
for (i = 0; i < n; i + + )
y1[i] = yn[i] + dt1 * y1[i];
fun(ydot, t1, y1, pars);

for (i = 0; i < n; i + + )
yn[i] = yn[i] + dt * ydot[i];
 * tn =  * tn + dt;

return 0;
}
//弹道仿真,简化模型,用于总体设计
int rocket1(double time[],double v[], double x[], double y[],int num, double tf,
double t1 = 9.0, double t2 = 126.0, double thetak = 38 * d2r,
double dia = 1.25,
double P = 10000,
double m0 = 600,
double qm = 100.0)
{
int i, j;
double  t, dt;
double st[NST],st_buffer[2 * NST];//st_buffer is double size of st
double pars[N_PARS];

pars[PAR_T1] = t1;//s;
pars[PAR_T2] = t2;//s;
pars[PAR_THETAK] = thetak;//rad

pars[PAR_P] = P;//N;
pars[PAR_M0] = m0;//kg
pars[PAR_QM] = qm;//kg/s
pars[PAR_DIA] = dia;//m

//calculate tk;
dt = tf / (1000 * num - 1);
```

```
//assign parameters
//initial value
st[VEL] = 0;
st[XXX] = 0;
st[YYY] = 0;

//save data
for (i = 0, t = 0; i < num; i++) {
    //save data
    time[i] = t;
    v[i] = st[VEL];
    x[i] = st[XXX];
    y[i] = st[YYY];

for (j = 0; j<1000; j++)
    Euler_Cauchy(fun1, &t, st, dt, NST, pars, st_buffer);
}
//save data
i--;
time[i] = t;
v[i] = st[VEL];
x[i] = st[XXX];
y[i] = st[YYY];
return 0;
}

void main(void)
{
double time[301], v[301], x[301], y[301];
int i, num = 301,real_num;
double tf = 145, mu_k = 0.275;//0.18;//s
double push, m0,Isp, qm,dia, t1, t2, thetak, weight_push_ratio;
Isp = 322.35; //比冲,s
dia = 1.0;//弹径,m
m0 = 19500;//总质量,kg
push = 326666.7;//地面推力,N
thetak = 42.8 * d2r;//最优关机角;

weight_push_ratio = m0 * gravity0/push;
t1 = weight_push_ratio * Isp * (1 - 0.95);
t2 = weight_push_ratio * Isp * (1 - 0.45);
tf = weight_push_ratio * Isp * (1 - mu_k);
qm = push / (Isp * gravity0);

cout << "calculating......\n";
```

```
rocket1(time, v, x, y, num, tf, t1, t2,thetak,dia, push, m0, qm);

char filename[100];
FILE *fp;
errno_t res;
cout << "Openning file......\n";
sprintf_s(filename, "flight_program%1d.txt", case_id);
res = fopen_s(&fp, filename, "w");
if (res) {
    cout << "Open file error! \n";
    getchar();
}
cout << "Writting data to file[" << filename << "]......\n";
fprintf(fp, "m0/kg\tpush/N\tqm/kg/s\tt1/s\tt2/s\tthetak/deg\n");
fprintf(fp, "%15.4f\t%15.4f\t%15.4f\t%15.4f\t%15.4f\t%15.4f\t\n",
    m0,push,qm,t1,t2,thetak*r2d);
fprintf(fp, "time/s\tvelocity/km/s\tx/km\ty/km\n");
for (i = 0; i < num; i++)
    fprintf(fp, "%15.4f\t%15.4f\t%15.4f\t%15.4f\n",
    time[i],v[i]/1000.0, x[i] / 1000.0, y[i] / 1000.0);
cout << "Done! \n";
fclose(fp);
getchar();
}
```

参考文献

[1] 甘楚雄,刘冀湘. 弹道导弹与运载火箭总体设计. 北京：国防工业出版社,1996.

[2] 李福昌,余梦伦,朱维增. 运载火箭及总体设计要求概论(二)——运载火箭概况. 航天标准化,2002(6).

[3] He Linshu. Ballistic Missiles and Launch Vehicles Design. 北京：北京航空航天大学出版社,2002.

[4] 张毅,杨辉耀,李俊莉. 弹道导弹弹道学. 长沙：国防科技大学出版社,1999.

[5] 曾颖超. 航天器飞行力学. 西安：西北工业大学出版社,1993.

[6] 张守信. 外弹道测量与卫星轨道测量基础. 北京：国防工业出版社,1992.

[7] 肖业伦. 航空航天器运动的建模——飞行动力学的理论基础. 北京：北京航空航天大学出版社,2003.

[8] 米申 B П. 航天飞行器设计基础. 北京：航空工业出版社,1989.

[9] 李福昌,余梦伦,朱维增. 运载火箭及总体设计要求概论(一)——运载火箭概况. 航天标准化,2002(5).

[10] 李福昌,余梦伦,朱维增. 运载火箭及总体设计要求概论(三)——运载火箭概况. 航天标准化,2003(1).

[11] 李福昌,余梦伦,朱维增. 运载火箭及总体设计要求概论(四)——运载火箭概况. 航天标准化,2003(2).

[12] 李福昌,余梦伦,朱维增. 运载火箭及总体设计要求概论(五)——运载火箭概况. 航天标准化,2003(3).